SOTHIS PRESS

Sothis Press aims to completely reimagine the public domain book with an emphasis on universal access to captivatingly designed print editions. We believe that technology will enable every single book ever published to be perpetually accessible in beautiful print form. Sothis is beauty in ubiquity.

Printed and bound by CPI Group (UK) Ltd, Croydon, CR0 4YY

www.sothis.press
1 Waterhouse Square, London, EC1N 2ST

Traité Théorique Et Pratique de l'Ébénisterie d'Après Roubo

Contenant des Modèles de Tous Genres
Et de Tous Styles, Avec Plan, Coupe, Détails
Et un Texte Historique Et Explicatif

André Jacob Roubo

SOTHIS PRESS

ISBN 978-1-0365-0623-0

Traité Théorique Et Pratique
de l'Ébénisterie
d'Après Roubo
is in the public domain.

This edition is published by
Sothis Press © 2023. The company
is registered in England and Wales.
The Company Number is 14900389.

TRAITÉ

THÉORIQUE ET PRATIQUE

DE

L'ÉBÉNISTERIE

D'APRÈS ROUBO

CONTENANT

DES MODÈLES DE TOUS GENRES ET DE TOUS STYLES
AVEC PLAN, COUPE, DÉTAILS
ET UN TEXTE HISTORIQUE ET EXPLICATIF

AVEC LA COLLABORATION DE MM.

AUGUSTE TRICHET, G. FÉLIX LENOIR, DUFIN, MARCAL, VERCHÈRE,
FOUSSIER, DELBREL, DAUBERLIEU, MATHIOT, etc.

PARIS

LIBRAIRIE ARTISTIQUE, INDUSTRIELLE ET LITTÉRAIRE
DE
CH. JULIOT, ÉDITEUR
22, RUE DES ÉCOLES, 22

1884

AVANT-PROPOS

Les recueils de meubles ne manquent pas. Depuis l'invention de la gravure jusqu'à nos jours, il s'en est produit sans interruption et de fort remarquables.

Les praticiens se plaignent cependant que ces publications ne répondent pas aux besoins de leur art.

Pourquoi en est-il ainsi?

C'est que ces recueils ne donnent, pour ainsi dire, que des vues de meubles, que des dessins d'ensemble; c'est qu'aucun de ces volumes ne s'occupe — autrement qu'en passant — du plan des meubles et des détails de la construction; c'est que, en un mot, ces beaux livres laissent, devant les ensembles, le praticien livré à ses seules inspirations au point de vue de l'assemblage et des difficultés de l'exécution.

Un seul ouvrage à notre connaissance fait exception: l'*Art de l'Ébéniste*, par Roubo.

Celui-là est complet: plans, coupes, détails d'exécution, construction, tracé, il donne tout, mais il a toutefois un grand défaut. Publié au milieu du dix-huitième siècle, il est devenu presque introuvable, même au poids d'or dans le commerce; et selon le goût de son temps, il ne comprend d'autres styles que le Louis XIV, le Louis XV et le Louis XVI.

Après avoir pris l'avis des gens compétents, nous avons donc résolu de faire pour l'*Art de l'Ébénisterie* de ROUBO, ce que nous avions déjà fait pour le célèbre livre du même auteur, l'*Art de la Menuiserie*, c'est-à-dire d'imprimer, non pas purement et simplement une nouvelle édition, mais de construire, sur le plan donné par le vieux maître, un *livre d'Ébénisterie moderne* contenant tous les détails d'exécution et les assemblages; et, en outre, des ensembles de tous les styles.

Nos collaborateurs entrèrent pleinement dans nos vues; partout où cela se pouvait, ils ont conservé le travail même de Roubo. Autant que possible même, ils ont conservé son texte où tant de science se cache sous une si parfaite bonhomie et où se retrouve cette clarté qui a assuré à *l'Art de la Menuiserie* une bonne partie de ce succès qui a fait époque en librairie.

L'album comprend 100 planches, leur format a été choisi de manière à ce que nous puissions donner les dessins au dixième d'exécution et les détails à demi-grandeur, ou même, selon les cas, à grandeur d'exécution.

Nous ne nous sommes pas uniquement attachés à donner des meubles de style, contrairement aux autres recueils, nous donnons aussi tous les meubles pratiques et courants qui répondent aux exigences de notre époque.

Bien que conçu en vue de l'atelier et de la construction marchande de meubles, notre recueil a été disposé méthodiquement de manière à aller du facile au difficile, du simple au compliqué. Il est par suite merveilleusement approprié à l'enseignement du dessin dans les *Écoles professionnelles d'ébénisterie.*

AVERTISSEMENT

En plaçant en tête de notre *Traité de l'Ébénisterie* quelques planches de géométrie, nous n'avons pas la prétention de donner un traité de cette science. Nous voulons simplement fournir, aux praticiens, des éléments qui leur sont complètement indispensables pour étudier avec fruit l'art du trait dans son application à l'ébénisterie.

Nous ne saurions trop les engager à ne pas se laisser rebuter par l'aridité que semble présenter, au premier abord, la géométrie. Qu'ils persistent, et ils verront leurs efforts couronnés de succès. Pendant que leurs camarades, en suivant simplement les errements de la routine, dépenseront un temps considérable sans faire de progrès appréciables, eux, au contraire, pourront résoudre presque au premier coup d'œil toutes les difficultés du tracé et de l'assemblage, parce que, grâce aux éléments de géométrie qu'ils posséderont, ils se rendront un compte exact de toutes les opérations qu'ils feront, et de toutes celles qu'ils auront à faire pour atteindre le but qu'ils se sont proposé !

CHAPITRE PREMIER

ABRÉGÉ DES ÉLÉMENTS DE GÉOMÉTRIE

Dans la première partie de cet abrégé, il s'agira de la Géométrie en général, des lignes, des angles, de la génération du cercle, du demi-cercle, et de son usage.

Ensuite nous traiterons des surfaces, comme les triangles, les figures carrées, les polygones ; des corps solides, comme les cubes, les prismes, les pyramides.

Puis nous traiterons de la mesure des lignes, des surfaces, et des corps quels qu'ils soient, relativement à l'ébénisterie, et, en dernier lieu, nous donnerons quelques notions de stéréotomie pour servir à l'art du trait.

SECTION PREMIÈRE

DES LIGNES, DES ANGLES, DES CERCLES ET DEMI-CERCLES.

(*Planche* 1)

La Géométrie est une science qui a pour objet la mesure de l'étendue, que l'on connaît sous trois dimensions différentes : étendue en longueur, que l'on nomme *Longimétrie*, ou mesure des lignes.

Étendue en longueur et en largeur, nommée *Planimétrie*, ou mesure des plans ou surfaces.

Étendue en longueur, largeur et profondeur, nommée *Stéréométrie*, ou mesure des solides.

Il existe deux sortes de points : le point physique

et le point mathématique. Le point mathématique n'a aucune des trois dimensions ci-dessus, et est purement intellectuel.

Le point physique est celui que l'on fait sur le papier avec la plume ou le crayon, ou sur le terrain avec la pointe d'un jalon (fig. 1 et 2). Ce point, ainsi que l'autre, n'a aucune dimension déterminée, puisqu'il n'est lui-même que le terme de la grandeur; cependant on est obligé de lui donner une grandeur existante pour le rendre sensible aux yeux, comme le point mathématique l'est à notre esprit.

La ligne, considérée comme longueur, sans largeur ni épaisseur, peut, ainsi que le point, être mathématique ou physique, puisqu'elle n'est qu'une continuité de points servant à déterminer la distance d'un lieu à un autre, ou les extrémités d'une surface (fig. 3, 4, 5).

Il existe trois sortes de lignes : la droite, la courbe et la mixte.

La droite est celle dont toutes les parties se suivent exactement les unes les autres, sans s'écarter ni à droite ni à gauche, de sorte qu'on puisse les enfiler toutes d'un seul coup d'œil, ainsi que la ligne ponctuée (fig. 6) ou celle indiquée par des jalons (fig. 7); en sorte que cette ligne devient le plus court chemin pour aller d'un lieu à l'autre.

La ligne courbe est celle qui est formée par un trait de compas, comme la figure 8.

La ligne mixte enfin, est celle qui est formée par les deux premières ensemble, et, par conséquent, qui participe des deux genres (fig. 9).

Les lignes prennent encore différents noms, selon qu'elles sont disposées. On les nomme *horizontales* ou *de niveau*, *perpendiculaires* ou *d'aplomb*, *parallèles*, *diagonales*, *tangentes et sécantes*, *etc.*

La ligne horizontale est celle qui se présente à notre vue, de manière qu'une de ses extrémités ne soit pas plus haute ni plus basse que l'autre; telle nous paraît l'extrémité d'un bassin plein d'eau (supposé qu'il soit d'une forme carrée et qu'il se présente droit à nous) (fig. 10).

La perpendiculaire est celle qui est représentée du haut en bas, de sorte qu'elle ne penche d'aucun côté; on ne peut mieux la définir que par la figure d'un plomb, lequel étant fixe par son propre poids, ne peut assurément s'écarter d'aucun côté (fig. 11).

Les lignes parallèles sont celles dont tous les points de l'une sont également distants de l'autre, de sorte que, quand on les prolongerait à l'infini, elles ne se rencontreraient jamais (fig. 12). Deux circonférences de cercle peuvent aussi être parallèles, pourvu toutefois qu'elles aient un même centre.

La ligne diagonale est celle qui traverse une figure carrée d'un angle à l'autre (fig. 13).

La ligne tangente est celle qui touche un cercle en un seul point, de sorte qu'elle est toujours perpendiculaire au rayon du même cercle, qui passe par le point de contact (fig. 14).

La ligne sécante est celle qui coupe une autre ligne. Si la sécante rencontre un cercle, elle le coupe en deux points (fig. 14 *a*).

§ 1. DIVERSES MANIÈRES D'ÉLEVER DES PERPENDICULAIRES.

Le point *a* étant donné sur la ligne sur laquelle vous voulez élever une perpendiculaire, ouvrez le compas à volonté, et faites les deux sections *b*, *b*, de ces points, avec une ouverture de compas plus grande que la première, vous ferez deux autres sections *c*, par le point *c* et par le point *a*, vous ferez passer une ligne qui sera la perpendiculaire demandée (fig. 15).

AUTRE MANIÈRE.

Lorsque le point milieu d'une ligne n'est pas donné, mais seulement les deux points *d*, *e*, au milieu desquels on veut faire passer une perpendiculaire, prenez une ouverture de compas quelconque, et des deux points *d*, *e*, faites les sections *f*, *g*, dessus et dessous la ligne horizontale; puis faites passer une ligne par les points *f*, *g*, laquelle coupera la ligne *d e* en deux parties égales, et sera la perpendiculaire à cette même ligne (fig. 16).

§ 2. MANIÈRE D'ÉLEVER UNE PERPENDICULAIRE A L'EXTRÉMITÉ D'UNE LIGNE.

Le point *h* étant donné à l'extrémité d'une ligne, ouvrez le compas à volonté; des points *h* et *i* faites deux sections en *l*; puis du point *i*, et par le point *l*, vous ferez passer la ligne *i m*, que vous prolongerez jusqu'à ce que la distance *l m* soit égale à celle *i l*; alors par les points *h*, *m*, vous ferez passer une ligne, laquelle sera la perpendiculaire demandée (fig. 17).

AUTRE MANIÈRE.

La ligne étant bornée au point *n*, du point *o* pris à volonté au-dessus de la ligne, décrivez l'arc de cercle *p n q*, puis du point *q*, où le cercle coupe la ligne, menez une ligne par le point *o*, jusqu'à ce qu'elle coupe l'arc de cercle au point *p* ; alors vous ferez passer une ligne par le point *n p*, laquelle sera perpendiculaire (fig. 18).

§ 3. MANIÈRE D'ÉLEVER DES LIGNES PERPENDICULAIRES AU MILIEU ET A L'EXTRÉMITÉ D'UNE PORTION DE CERCLE.

Le point *r* étant donné, prenez les deux distances *s*, *s*, à volonté (pourvu toutefois qu'elles soient égales); puis des deux points *s*, *s*, faites deux sections, par le milieu desquelles, et par le point *r*, passera la perpendiculaire (fig. 19).

Lorsqu'on veut élever une perpendiculaire sur l'extrémité d'une ligne circulaire, du point *s* qui est donné, prenez à volonté la distance *s t*, que vous porterez en *u*, par le moyen desquels points vous éleverez la perpendiculaire *t x*, ce qui étant fait, vous porterez encore une pareille distance *t u* de *u* en *y*, afin d'avoir une seconde perpendiculaire, laquelle venant à rencontrer la première perpendiculaire *t x*, vous donnera le centre de l'arc *s t y*, qu'il était nécessaire de trouver pour avoir la perpendiculaire que l'on demandait, par la raison que toute ligne perpendiculaire à un arc de cercle passe par son centre (fig. 20).

§ 4. MANIÈRE DE TRACER DES LIGNES PARALLÈLES.

La ligne *a b* étant donnée, à laquelle vous voulez mener une parallèle, prenez une ouverture de compas telle que vous le jugerez nécessaire, et faites les deux arcs de cercle *c*, *c*, par les extrémités desquels vous ferez passer une ligne, laquelle sera parallèle à la ligne *a b* fig. 21).

AUTRE MANIÈRE.

Les points *d*, *e*, étant donnés par lesquels on veut faire passer deux lignes parallèles, des deux points *d*, *e*, comme centres, faites les deux arcs de cercles *e f* et *d g*, puis vous ferez sur ces mêmes arcs les deux sections *f*, *g*, de la distance que vous voudrez mettre entre vos deux lignes, que vous ferez passer par les points *d*, *f*, et *g*, *e* (fig. 22).

§ 5. DES ANGLES, DE LA GÉNÉRATION DU CERCLE DU DEMI-CERCLE, ET DE SES USAGES.

Un angle est l'inclinaison de deux lignes, lesquelles venant à se rencontrer, forment un point que l'on nomme *point angulaire*, ou *sommet de l'angle*. Les angles prennent différents noms selon leurs différentes formes et ouvertures, lesquelles se mesurent par le moyen d'un demi-cercle.

Pour connaître le rapport qu'ont les angles avec le cercle, et le même cercle avec les angles, il faut supposer que sur la ligne *h i*, soit attachée une règle au point *c l*, de sorte qu'elle soit mobile ; et qu'au bout de la règle on attache une pointe : il est certain que la règle venant à se mouvoir sur elle-même à droite et à gauche décrira une ligne courbe, dont tous les points seront également éloignés du point *l* (fig. 23). Si l'on continue à faire mouvoir la règle au-dessous de la ligne *h i*, comme on a fait au-dessus, on décrira un cercle entier, de manière que le cercle est une figure plane enfermée par une ligne courbe nommée *circonférence*, dont tous les points sont à une distance égale du point milieu que l'on nomme *centre* (fig. 24).

Il y a plusieurs lignes dans un cercle : celle qui le traverse et qui passe par le centre, comme la ligne *m m* (fig. 25), se nomme *diamètre ;* celles qui passent au-dessus ou au-dessous du centre, comme les lignes *n n* et *o o*, se nomment *cordes* ; et celles qui sont depuis le centre jusqu'à la circonférence, comme la ligne *p q*, se nomment *rayons*. La partie de la circonférence qui est comprise entre une corde comme celle *o o*, se nomme *arc de cercle* (fig. 25).

Pour la mesure des angles, il faut faire attention que la règle que nous avons supposée mobile dans la figure 23, en s'éloignant de la ligne *h i* pour venir du point *h* au point *i*, forme des angles plus ou moins ouverts, dont le sommet est au point *l*, et qui ont une ouverture plus ou moins grande en rapport avec la demi-circonférence.

Pour avoir ce rapport juste, on a imaginé un demi-cercle, qui est un instrument de mathématique, fait de cuivre ou de corne transparente, sur lequel on a décrit une demi-circonférence, que l'on a divisée en 180 parties égales, que l'on nomme *degrés*, de sorte que le quart d'un cercle, qui est la moitié de la demi-circonférence, en contient 90, et par conséquent le cercle entier 360. Voyez la figure 27, où est dessiné un demi-cercle, et où les nombres sont doubles pour la plus grande intelligence.

On a choisi le nombre 360, parce que c'est celui qui a le plus de diviseurs, ce qui rend l'usage de cet instrument plus facile.

§ 6. MANIÈRE DE FAIRE USAGE DU DEMI-CERCLE.

Soit donné l'angle *t s r* dont on veut avoir l'ouverture : prolongez un des côtés de l'angle, comme de *s* en *u*, sur lequel vous poserez le rapporteur, ayant soin que le centre de l'instrument soit juste au sommet de l'angle, dont le côté passera sous la demi-circonférence, qui, par sa division, indiquera l'ouverture de l'angle (fig. 26).

Que les côtés d'un angle soient plus ou moins prolongés, ou que le demi-cercle soit plus ou moins grand, cela ne fait rien à l'ouverture de l'angle, ainsi qu'on peut le voir dans la figure 28, où l'angle *x y z* a également 40 degrés d'ouverture dans deux quarts de cercle, dont un cependant a le double de la grandeur de l'autre.

Lorsque l'on n'a pas absolument besoin de la valeur d'un angle, et que l'on veut seulement en tracer un semblable à un autre, on se servira de la manière suivante.

Du sommet de l'angle donné, décrivez un arc de cercle à volonté, puis faites-en un semblable sur la ligne sur laquelle vous voulez élever un angle; prenez avec un compas la grandeur de ce même arc que vous porterez sur le second, par lequel point et du sommet passera une ligne qui sera le second côté de l'angle demandé (fig. 29 et 30).

Les angles ont différents noms par rapport à leurs ouvertures et à leurs formes.

Par rapport à leurs formes, on nomme *Rectiligne* celui qui est composé de deux lignes droites (fig. 31).

Curviligne, celui qui est composé de deux lignes courbes (fig. 32).

Et *Mixtiligne*, celui qui est composé d'une ligne droite et d'une courbe (fig. 33).

Par rapport à leurs ouvertures, on nomme *angle rectangle* ou *droit* celui qui a pour mesure un quart de cercle, ou 90 degrés (fig. 34).

Angle aigu, ou *acutangle,* celui qui a moins de 90 degrés (fig. 35).

Et *angle obtus,* ou *obtusangle*, celui qui a plus de 90 degrés [1] (fig. 36).

---

1. Exemples à l'appui des figures dont nous venons de parler :

On appelle *point*, l'endroit où plusieurs lignes se coupent. Il n'a ni longueur, ni largeur, ni épaisseur. Ainsi, lorsqu'on fait la division d'un casier avec le compas, cette division donne des points, ce qui évite de tracer un trop grand nombre de traits qui pourraient induire en erreur.

Lorsqu'on a corroyé un battant ou une traverse, on possède quatre arêtes; l'arête n'a ni épaisseur ni largeur, elle représente la *ligne droite*.

Une traverse cintrée représente la *ligne courbe*.

Pour la *ligne mixte*, figurez-vous une table dont les coins sont arrondis.

Pour la *ligne horizontale*, un billard.

On ne peut mieux comparer les *lignes parallèles* qu'aux coulisses de table; le jeu devant être bien régulier d'un bout comme de l'autre, les lignes seront forcées de se trouver parallèles.

SECTION DEUXIÈME

DES SURFACES ET DES SOLIDES EN GÉNÉRAL.

§ 1. DES TRIANGLES, ETC.

(*Planche* 1)

De toutes les figures géométriques, il n'y a que le cercle et l'ellipse qui, d'une seule ligne, puissent enfermer une surface.

Pour tracer les autres figures, il faut trois lignes au moins, lesquelles, combinées ensemble, forment ce qu'on appelle un *Triangle*, ou figure plane, qui est composée de trois angles et de trois côtés.

On distingue les triangles de deux manières, par rapport à leurs angles, ou par rapport à leurs côtés.

Par rapport à leurs côtés, on appelle *Triangle équilatéral* celui dont les trois côtés sont égaux (fig. 37).

Triangle isocèle, celui qui a deux côtés égaux. Le troisième côté est appelé *base* (fig. 38).

Et *Triangle scalène,* celui qui a les trois côtés inégaux (fig. 39).

Par rapport à leurs angles, on nomme *Triangle rectangle* celui qui a un angle droit, ou de 90 degrés, ce qui est la même chose. Le côté opposé à l'angle droit se nomme *hypothénuse* (fig. 40).

Triangle obtusangle, celui qui a un angle obtus (fig. 41).

Enfin *Triangle acutangle*, celui qui a les trois angles aigus (fig. 42).

Triangle équiangle, celui qui a les trois angles égaux (fig. 37).

Pour construire un triangle équilatéral (fig. 50), tracez un cercle, tirez le diamètre *A B* du point *a* comme centre, et, avec la même ouverture de compas qui a servi à tracer le cercle, tracez le demi-cercle *C D*, tirez une ligne droite de *D* à *C* et de *C* à *B* et à *D* et vous aurez le triangle.

Il est démontré, dans les éléments de géométrie, que les trois angles de tout triangle quelconque sont égaux à deux droits, ou ont ensemble 180 degrés; et le plus grand angle est toujours opposé au plus grand côté, ainsi qu'on peut le remarquer dans les figures ci-dessus.

§ 2. DES FIGURES A QUATRE CÔTÉS.

Après les triangles, sont les figures à quatre côtés; il y en a de deux sortes : les régulières et les irrégulières.

Les régulières sont les quadrilatères, les parallélogrammes, les rhombes ou losanges, et les trapèzes.

Les irrégulières sont les rhomboïdes et les trapézoïdes, et généralement toutes les figures dont les angles et les côtés opposés ne sont pas symétriques.

Le *quadrilatère*, ou carré parfait, est une figure composée de quatre côtés et de quatre angles égaux; les quatre angles valent ensemble 360 degrés, complément du cercle (fig. 43).

Il y a deux sortes de parallélogrammes, l'un que l'on nomme *parallélogramme rectangle*, et l'autre *parallélogramme oblique*.

Ces deux figures ont chacune deux côtés plus grands l'un que l'autre, et qui sont disposés de manière que les plus grands sont toujours opposés aux plus grands, et les plus petits aux plus petits (fig. 44).

Le parallélogramme rectangle a les quatre angles égaux, ainsi que son nom l'indique; et le parallélogramme oblique deux angles aigus, et deux obtus, les angles semblables opposés les uns aux autres.

Le *rhombe* ou *losange* est une figure qui a les quatre côtés égaux, deux angles aigus, et deux angles obtus, égaux deux à deux (fig. 45).

Le *rhomboïde* a deux côtés et deux angles plus grands l'un que l'autre ; c'est la même chose que le parallélogramme oblique, excepté qu'aucun de ses côtés n'est horizontal, ni perpendiculaire (fig. 46).

Le *trapèze* est une figure qui a deux côtés obliques à contre sens l'un de l'autre, et les deux autres inégaux, mais parallèles: deux des angles de cette figure sont aigus, lès deux autres obtus, et un angle aigu opposé à un obtus réciproquement (fig. 47). On appelle aussi cette figure: *trapèze isocèle*.

Le *trapézoïde* a les quatre angles et les quatre côtés inégaux (fig. 48). Il est démontré dans les éléments de géométrie, que, quelque différence qu'il y ait dans la forme des figures quadrilatérales, leurs quatre angles, combinés ensemble, égalent toujours 360 degrés, ou quatre angles droits

Comme nous avons déjà fait la description du cercle, nous ne l'avons tracé dans la figure 49 que pour faire voir son rapport avec les polygones, et comme étant sa place naturelle.

§ 3. DES POLYGONES RÉGULIERS.

(*Planche* 2)

On nomme *polygones,* en général, toutes figures qui, ayant plus de quatre côtés, ont tous leurs côtés et tous leurs angles égaux entre eux, et qui, par conséquent, peuvent s'inscrire dans un cercle.

Les polygones prennent différents noms, selon le nombre des côtés qu'ils ont :

On nomme *Pentagones* les figures à cinq côtés ;
Hexagones, celles à six côtés ;
Heptagones, celles à sept côtés ;
Octogones, celles à huit côtés ;
Ennéagones, celles à neuf côtés ;
Décagones, celles à dix côtés ;
Endécagones, celles à onze côtés ;
Dodécagones, celles à douze côtés.

Si de chaque angle d'un polygone quelconque, on menait des rayons au centre, il est certain qu'on ferait autant de triangles qu'il aurait de côtés, et leur sommet serait au centre du polygone. Ainsi tous les angles des sommets des triangles, inscrits dans un polygone, égalent quatre angles droits, ou 360 degrés.

Tous les angles d'un polygone valent ensemble autant de fois deux angles droits qu'ils ont de côtés, en en retranchant quatre.

Ainsi l'angle au sommet d'un pentagone égale 108.
L'angle au sommet d'un hexagone égale 120.
L'angle au sommet d'un heptagone égale 128 4/7.
L'angle au sommet d'un octogone, 135.
L'angle au sommet d'un ennéagone, 140.
L'angle au sommet d'un décagone, 144.
L'angle au sommet d'un endécagone, 147 3/11.
} Degrés.

L'angle au sommet d'un dodécagone, 150 degrés,
L'angle au sommet d'un pentadécagone, ou figure à 15 côtés, 156 degrés.

§ 4. MANIÈRE DE TROUVER LES POLYGONES.

La manière de trouver les polygones est une opération que l'on oublie facilement et que l'on devrait cependant retenir une des premières, car on trouve son application, à chaque instant, dans l'ébénisterie.

Fig. 1. — Pour construire un pentagone (fig. 1), tracez un cercle, puis une ligne horizontale qui passera par le point de centre, et sur cette ligne élevez à l'endroit du point de centre une perpendiculaire. Ces deux lignes feront deux diamètres. Partagez un des rayons, *B E*, par exemple, en deux parties égales au point *K*, et du point *K* comme centre et avec une ouverture de compas assez grande pour atteindre *g*, décrivez un arc de cercle *F G*; tirez la ligne *H* qui va de *G F*; prenez un compas, pointez à la lettre *G*, ouvrez votre compas jusqu'à la lettre *F* qui est au bout de la ligne *H* sans bouger votre pointe sur la circonférence qui vous donnera le point *O* de *G* à *O*. Cette opération donne la cinquième partie du pentagone.

Fig. 2. — Il y a différentes manières de construire un hexagone. Mais celui que nous indiquons ici est le plus simple. Le procédé est le même que dans la figure précédente. Ainsi après avoir décrit votre circonférence vous abaissez la ligne *A B* qui passe par le centre; avec la même ouverture de compas vous décrivez deux arcs de cercle en vous plaçant au point *A B*. Vous êtes forcé de passer par le point du centre *F*; le point *B* va de *C* à *D* et le point *A* de *E* à *H*. Ensuite vous tirez des lignes d'un point à l'autre sur la circonférence et la figure sera terminée.

Fig. 3. — Nous allons profiter de la figure 3 qui représente un heptagone pour donner le principe de diviser la circonférence d'un cercle en autant de parties égales que l'on veut. Tirez la ligne *A B* qui passe par le centre du cercle, divisez cette ligne qui est le diamètre du cercle, en autant de parties égales que vous voulez diviser la circonférence; ouvrez votre compas de la grandeur du diamètre *A B*, décrivez l'arc *B C* ayant la pointe du compas sur le point *A* et, de la même ouverture de compas, mettez la pointe sur le point *B*, et décrivez l'arc *A C*; ensuite du point de section *C* des deux arcs, tirez une ligne droite qui passe par le second point de division du diamètre. Cette ligne, en coupant la circonférence, vous fixera le point *D*. Alors, en ouvrant le compas du point *D* au point *A*, vous aurez l'ouverture qui divisera la circonférence du cercle en autant de parties égales que vous aurez à diviser qui est de sept parties (cette opération est utile pour tracer les polygones inscrits).

Fig. 4. — Pour faire l'octogone, vous tirez les lignes *A B;* puis la ligne *C D;* du point *F* comme centre, vous décrivez une circonférence de la grandeur voulue ; ensuite du point *A* vous pointez votre compas pour faire un trait de section lettre *E*, en rapportant la pointe sur la lettre *D* vous fixez le point *E*. Du point *F* qui est le point central vous tirez une ligne à la section *E;* vous n'avez plus qu'à prendre la distance du point *A* la ligne *E* qui doit se trouver au milieu entre le point *A* et le point *D*, ce qui donne deux parties régulières qui font deux pans, avec la même ouverture de compas vous continuez les divisions sur la circonférence.

Fig. 5. — Ennéagones, celles à neuf côtés.

Comme dans les figures précédentes, il existe une ligne verticale et une ligne horizontale *A B* et *C D*. Du point de centre on fait une circonférence, ensuite du point *A* au point central *E* on décrit un arc de cercle, qui fixe la lettre *F*, on porte la pointe du compas sur le point *B* et on l'ouvre jusqu'à la lettre *F* qui donne le point *H*. Avec la même ouverture on porte la pointe du compas sur la lettre *H* pour décrire un arc de cercle de *A* à *I*. Ensuite on pointe le compas sur le point *C* et on l'ouvre à la lettre *I*, et l'on décrit un arc de cercle qui donne le point *J*. Du point *C* au point *J* on obtient ainsi la distance de la division en neuf parties.

Fig. 6. — Décagones, celles à dix côtés.

On tire une ligne horizontale et une verticale qui donneront le point *E* comme centre pour décrire la circonférence. Une fois la circonférence tracée, avec une ouverture de compas à volonté, on décrit les deux arcs de cercle du point *E* et du point *C* qui font les jonctions *F G* en passant une ligne d'un point à l'autre qui fixera le point *H*. Du point *H* on ouvre le compas jusqu'au point *A* et on décrit un quart de cercle qui donnera le point *I*. Du point *A* au point *I* on ouvre le compas pour décrire le point *J*; en divisant sur la circonférence la distance du point *A* au point *J* en deux parties, cela donnera deux pans réguliers qui est la longueur des pans pour la division en dix parties.

Fig. 7. — Endécagones, celles à onze côtés.

Après avoir tracé les lignes *A B* et *C D* on ouvre le compas du point *B* jusqu'au point de centre *E* et l'on décrit l'arc de cercle qui donne le point *F*. Avec la même ouverture l'on porte la pointe sur la lettre *D*; et du point *E*, qui est le point central, on décrit l'arc qui donne le point *H*. On reporte la pointe du compas sur le point *F* et on l'ouvre au point *H*; on décrit un arc qui donne la lettre *I*. Pour terminer, on reporte la pointe du compas sur la lettre *H* et l'on décrit du point *I* un arc de cercle qui donne le point *K*. Du point *K* au point *H* on obtient ainsi la longueur des pans.

Fig. 8. — Dodécagones, celles à douze côtés.

Cette figure est très claire. De chaque lettre on pointe le compas et on l'ouvre jusqu'au point de centre. On n'a qu'à décrire un arc de cercle qui va de droite à gauche de la ligne verticale ou horizontale et va gagner la circonférence qui donnera avec la ligne verticale et horizontale les douze pans.

§ 5. MANIÈRE DE TRACER UN HUIT PANS OU DU MOINS UN OCTOGONE DANS UN CARRÉ.

Fig. 9. — Vous avez, par exemple, un pied à huit pans à faire. Une fois votre bois corroyé, vous tirez deux lignes en diagonale (voir *A B C D*) qui vous donnent un point de centre (lettre *E*). Du point *A* ou des autres angles vous pointez votre compas et vous l'ouvrez au centre ; vous décrivez un arc de cercle *F H*, cela suffit pour abattre vos pans ; vous pointez votre trusquin et vous tracez sur les quatre faces. Si c'est pour l'établir sur un plan vous serez obligé de décrire les quarts de cercle de chaque angle et vous tirez vos lignes qui forment vos pans.

§ 6. DE L'OVALE ET DE SES DIVERSES ESPÈCES.

L'ovale, ou figure *elliptique*, est, ainsi que le cercle, une figure plane enfermée par une ligne courbe, avec la différence que tous ses points ne sont pas également éloignés du centre, ce qui lui donne nécessairement deux diamètres, qui sont plus ou moins inégaux selon les différents besoins.

On distingue trois sortes d'ovales, celui qui se trace au cordeau sur une mesure donnée, qu'on appelle *Ovale du Jardinier*.

Celui dont le petit diamètre est au grand, comme deux est à trois, c'est-à-dire en est les deux tiers.

Et celui dont la forme est comme sept est à neuf ; la manière de le tracer est tirée des mémoires de l'Académie des Sciences.

PREMIÈRE MANIÈRE DE TRACER L'OVALE.

Fig. 10. — L'ovale du Jardinier se trace de la manière suivante :

Les deux diamètres étant donnés, vous prenez la moitié du grand diamètre *A B*, que vous portez du point *C* sur la ligne *A B*, sur laquelle vous faites les deux sections *D E*, auxquelles vous plantez deux piquets ; puis vous prenez une corde dont la longueur égale la distance *D E*, plus celle *E C*, et celle *C D*, à l'extrémité de laquelle vous attacherez une pointe, avec laquelle vous tracerez l'ovale, en observant de tenir toujours la corde bien tendue autour des deux piquets (fig. 10).

DEUXIÈME MANIÈRE DE TRACER L'OVALE.

Fig. 11. — Les diamètres de l'autre ovale étant donnés, ainsi qu'il est dit ci-dessus, comme deux est à trois, quoiqu'on puisse les faire plus ou moins allongés suivant la nécessité, tirez la ligne horizontale *H M* et la verticale *F K*. Après avoir fixé les deux diamètres, prenez la distance *F G* et portez-la sur le grand diamètre *H I*. Du point *I* au point *G*, divisez cette distance en trois parties égales ; portez une de ces parties de *I* en *L*, ce qui fera le centre du petit cercle pour tracer les bouts. De la même ouverture de compas, du point *H* et du point *M*, vous ferez les quatre sections *O O*, *P P*, alors vous prendrez la distance *O P* et des points *O O P P*, vous ferez les deux sections *Q Q*, lesquelles feront les centres des grands cercles.

TROISIÈME MANIÈRE DE TRACER L'OVALE.

Fig. 12. — Soient donnés le grand diamètre *A B* et la hauteur *D C* par où il faut faire passer les arcs qui composent cet ovale, lesquels ont chacun 60 degrés ; on prendra la distance *D C*, que l'on portera de *B* en *E*, on divisera l'espace *D E* en deux parties égales, une desquelles on portera de *D* en *F*; ensuite on divisera *F E* en deux autres parties égales au point *G*, pour former le demi-cercle *F H E*, la ligne *F H* portée de *F* en *L*, marquera le point du centre du petit cercle; le reste comme à la figure 11.

Avant que de passer aux corps solides, nous avons cru devoir donner la manière de tracer les cintres bombés.

Fig. 13. — Pour tracer la figure 13, nommée par les géomètres ovale, la partie supérieure de la ligne ponctuée *A B*, est un demi-cercle et la partie inférieure est une demi-ellipse. En joignant ensemble la moitié d'un cercle et la moitié d'une ellipse, cette figure ovale se trouve formée. La longueur des lignes parallèles au petit axe *A B* dans le demi-cercle commande la longueur de chacune des lignes parallèles dans la demi-ellipse. Le grand axe de la demi-ellipse doit être divisé en même nombre que dans le demi-cercle.

MANIÈRE DE TRACER L'OVALE BORNÉE.

Fig 14. — Après avoir déterminé les deux axes, *A B* et *C D*, tirez une ligne droite de l'extrémité du petit axe, points *D B*. Ensuite vous prenez la moitié du grand axe à l'extrémité du petit axe *C D* et vous portez cette distance sur le grand axe; du point *B*, pour fixer le point *E*, prenez la distance *E X* et portez-la *D F* entre le point *F* et le point *A;* tirez une perpendiculaire assez longue pour qu'elle coupe les deux axes, elle fixera deux points de centre sur les deux axes, *i i J J*, dont celui sur le grand axe servira pour décrire l'arc du bout et celui sur le petit axe pour décrire l'arc du côté; portez les autres centres sur le grand et le petit axe pareillement et tirez les lignes comme l'indique la figure ; le reste de l'ovale se termine comme celui figure 12.

MANIÈRE DE TRACER L'ELLIPSE.

Fig. 15. — Décrivez un cercle de la grandeur du petit axe et un autre de la grandeur du grand axe *A B*; tirez du centre autant de lignes rayonnantes que vous voulez. Des points où ces lignes rencontrent le grand cercle abaissez des perpendiculaires au grand axe et des points où elles coupent le petit cercle, tirez des lignes parallèles au grand axe ; ces lignes parallèles joignent chacune la perpendiculaire qui est abaissée de l'extrémité de la même ligne rayonnante ; elles fixent des points par lesquels doit passer la courbe de l'ellipse.

AUTRE MANIÈRE DE TRACER L'OVALE BORNÉE.

Fig. 16. — Après avoir déterminé à volonté la longueur du grand axe *A B* et du petit axe *C D*, prenez la moitié du petit axe *C L;* portez-la sur le grand axe du point *A* pour fixer le point *P*, mettez la pointe du compas sur le centre commun *L*, ouvrez-le jusqu'au point *P* et décrivez l'arc *i j* ; avec la même ouverture de compas mettez la pointe sur le point *P* et décrivez l'arc *i j* et tirez une ligne droite des sections de ces deux arcs, qui fixera le point *O* sur le grand axe ; mettez la pointe du compas sur le grand axe au point *O* et, toujours avec l'ouverture de compas du point *L* au point *P*, vous décrivez le quart de cercle *R S;* le point *E* sur le grand axe est le centre pour décrire l'arc du bout *A;* avec la même ouverture de compas décrivez l'arc *B* de l'autre bout ; ensuite faites des sections et opérez pour le reste comme à l'ovale figure 12.

COURBE NOMMÉE ANSE DE PANIER.

Fig. 17. — Les figures 17, 18 et 19 sont d'un fréquent usage dans l'ébénisterie. Elles sont très simples à faire et faciles à retenir. On s'en sert très souvent pour les bibliothèques ainsi que pour les buffets de salle à manger. Les portes cintrées en anse de panier sont plus gracieuses que le plein cintre.

Vous commencez par tirer votre ligne *A B* (fig. 17) à la longueur voulue. Vous divisez la longueur en deux parties qui donnent la lettre *C ;* vous divisez ces deux parties en deux autres qui vous donneront les points *D D ;* du point *D* au point *A* vous ouvrez votre compas et vous décrivez une demi-circonférence, de même du point *A* au point *B ;* ces deux demi-circonférences viennent se joindre au point *C*. Avec la même ouverture de compas et en se plaçant du point *A* et *B*, décrivez l'arc de cercle du point *D* au point *E*; ensuite du point *A* au point *B*, vous décrivez les arcs de cercle *B H* et *A H*, puis du point *H* au point *E*, vous décrivez l'arc de cercle *E E*.

Fig. 18. — La figure 18 est semblable à la figure 17 si ce n'est que, pour la rendre plus ronde, au lieu de prendre la longueur de la ligne *A* pour trouver la ligne *H* on prend la distance *E E*, et avec l'arc de cercle vous donnez le point *H ;* du point *H* aux points *E E* vous décrivez l'arc de cercle qui rend votre anse plus ronde.

Fig. 19. — Une fois la longueur *A B* donnée, vous divisez la ligne en deux parties égales, ce qui donne la ligne *D C ;* vous fixez la hauteur de votre cintre à volonté; ensuite prenez la distance du point *A* au point *H;* vous décrivez deux arcs de cercle qui vous donnent le point de section *K;* du point *K* au point *A* vous tirez une ligne ainsi qu'au point *H;* du point *H* vous ouvrez votre compas au point *C;* vous portez cette distance de *H* en *J;* du point *C* au point *J* vous tirez une ligne qui vous donne le point *E;* du point *E* vous tirez une ligne horizontale qui vous donne le point *F*, car il faut que le point *F* se trouve à la même distance de la ligne *C D* que le point *E;* ensuite vous prenez la distance *E F*. Sans quitter un des points, vous portez cette distance sur la ligne *C D* qui vous donne le point *D*, ce qui formera un triangle. L'endroit où ces lignes coupent la ligne horizontale *A B* vous donne le point de centre pour les bouts et le point *D* le centre pour la courbe *E C F*. L'opération sera ainsi terminée.

Fig. 20. — Pour les demi-ovales, la largeur et la hauteur du cintre étant données, vous diviserez la hauteur en autant de parties que vous le voudrez; vous diviserez de même la moitié de la largeur; puis, par chaque point de division, en commençant par la première, et tendant à l'extrémité de chaque côté, vous ferez passer des lignes, lesquelles venant de se couper mutuellement, forment la courbe demandée. Voyez la figure 20, où les lignes sont marquées du même chiffre à leurs extrémités.

Lorsqu'on veut que le cintre soit un peu plus renflé, on ne fait commencer les lignes qu'au second point de division, comme on peut le voir dans la même figure.

Fig. 21. — Opération pour faire passer une circonférence par trois points fixés à volonté (cette opération est connue sous le nom des trois points perdus).

Soient les trois points *A B C*, tirez les deux lignes droites *A B* et *B C*, entre le point *A* et le point *B* tirez une perpendiculaire et de même une autre entre le point *B* et le point *C*. Ces deux lignes perpendiculaires se joignent au point *D* qui est le centre pour décrire l'arc qui passera par les points fixes.

Il est utile de retenir cette opération car elle sert pour trouver les coupes cintrées (voir plus loin les coupes cintrées).

MANIÈRE DE DÉCRIRE UNE CIRCONFÉRENCE DANS UN TRIANGLE.

Fig. 22. — Dans un triangle, on peut décrire une circonférence comme le démontre la figure 22. D'une ouverture de compas à volonté et de chaque angle vous décrivez un arc de cercle (voir les chiffres 1, 2). Sans changer votre compas vous décrivez un trait de section qui vous donnera la lettre *E*; de chaque angle vous faites partir une ligne qui passe sur les sections *E*. La rencontre de ces trois lignes vous donnera le point de centre pour décrire les circonférences demandées.

Fig. 23. — Même principe que pour la figure 21.

Fig. 24. — Tracé d'un arc rampant sur la pente d'une ligne donnée.

Soit la ligne *h i* (fig. 24) aux extrémités suivant la pente de laquelle il faille construire un arc rampant; on trace d'abord le rectangle dont la ligne *h i* est une diagonale; du point *i* comme centre et avec une ouverture de compas égale à la hauteur *i j*; de la pente de la ligne *h*, tracez l'arc de cercle *j K* et marquez le point *K* sur la diagonale; sur le milieu de la partie

K h de cette ligne élevez une perpendiculaire au moyen des arcs de cercle *m* et *m*. Du point *P* où la perpendiculaire rencontre le côté du carré long et avec une ouverture de compas égale à *P h*, tracez l'arc de cercle *h D*. Du point *O* où la perpendiculaire rencontre l'autre côté du carré long et avec une ouverture de compas égale à *O D* tracez l'arc *i D*.

Le problème sera résolu.

Fig. 25 et 26. — Les figures 25 et 26 sont établies d'après les mêmes principes que la figure précédente seulement la figure 25 est plus rampante et la figure 26 l'est moins.

§ 7. DES CORPS SOLIDES EN GÉNÉRAL.

(*Planche* 3)

Les corps solides prennent différents noms selon leurs formes.

On nomme *cube* un solide dont toutes les dimensions sont égales, c'est-à-dire qui a autant de hauteur qu'il a de largeur, ainsi qu'un dé à jouer (fig. 1).

Parallélipipède, un solide terminé par six parallélogrammes, lesquels sont de deux en deux de dimension égale, ainsi qu'une poutre ou une planche dont les bouts seraient coupés bien carrément.

Prisme, un solide qui a deux faces parallèles et égales, et dont les quatre autres sont des parallélogrammes (fig. 2).

On nomme *Prisme triangulaire*, celui dont les faces parallèles sont des triangles; lorsque ses faces sont des polygones, les prismes en prennent le nom : on dit alors *Prisme pentagonal, hexagonal* (fig. 3).

Globe ou *Sphère*, un solide qui est rond tel qu'une boule, et dont toutes les parties de sa surface sont également distantes du centre (fig. 4).

Cylindre, un solide qui a un cercle pour base, et dont les côtés sont parallèles et perpendiculaires à sa base (fig. 5).

Lorsque l'axe de ce solide est incliné, on le nomme *Cylindre oblique* (fig. 6).

La figure 7 représente une demi-sphère creuse, dont la surface de dedans se nomme *concave* et celle du dehors *convexe* : nous l'avons mise au rang des solides plutôt que des surfaces, parce que la manière dont elle est représentée, lui suppose nécessairement une épaisseur.

Pyramide est un solide dont la base est d'une forme quelconque, les faces triangulaires, c'est-à-dire qu'elles vont se joindre en un seul point au sommet de la pyramide (fig. 8).

On la nomme *triangulaire*, lorsque la base est un triangle (fig. 9).

Les pyramides peuvent être aussi *polygonales*, c'est-à-dire qu'elles peuvent avoir un polygone pour base, ainsi que les prismes.

Les pyramides sont aussi sujettes à être inclinées ainsi que les cylindres et les prismes.

Lorsque les pyramides ont pour base un cercle, elles changent de nom, et alors on les nomme *Cônes*. Les différentes coupes que l'on peut faire dans ce solide, ont donné lieu à ce que l'on appelle *Sections coniques*, dont nous allons donner une légère idée.

Lorsqu'on coupe un cône par son axe, la coupe qui en résulte est un triangle qui a pour base le diamètre de cette dernière, et pour hauteur celle de la pyramide (voyez le triangle *a b c*, fig. 10).

Lorsqu'on le coupe par un plan parallèle à sa base, comme *d e*, c'est un cercle.

La coupe parallèle à un de ses côtés, comme *f g h*, donne une courbe nommée *Parabole*.

La coupe parallèle à son axe, comme *i l m*, est une courbe nommée *Hyperbole*.

Enfin, lorsqu'on coupe un cône par un plan diagonal, en quelque endroit du cône que ce soit, comme la ligne *n o* (fig. 11), la figure qui résulte de cette coupe se nomme *Ellipse*, qui sera plus ou moins longue, selon que la ligne *n o* sera plus ou moins inclinée ; car plus elle tendra à être parallèle à la base du cône, et plus elle approchera de la figure du cercle. Lorsqu'un cône est coupé par un plan parallèle à sa base, et qu'on en supprime la partie supérieure, on le nomme *Cône tronqué*.

SECTION TROISIÈME

DE LA MESURE DES LIGNES, DES SURFACES ET DES CORPS QUELS QU'ILS SOIENT RELATIVEMENT A L'ÉBÉNISTERIE.

(*Planche* 3)

La longueur des lignes, le métrage des surfaces et la capacité des solides, quoique existantes par elles-mêmes, ont cependant eu besoin d'être fixées d'une manière relative à nos besoins, et à la sûreté de ceux qui sont dans le cas de vendre ou d'acheter des choses sujettes à une mesure constante.

Les mesures en général sont certaines longueurs dont on est convenu, lesquelles, comparées avec ce que l'on veut mesurer, en déterminent l'étendue et la valeur, comparaison faite avec celles que l'on est convenu de donner à chaque longueur.

La mesure dont on se sert ordinairement, se nomme *mètre,* lequel se divise en dix parties égales appelées *décimètres,* lesquels se divisent en dix parties égales appelées *centimètres* et se divisent de nouveau en dix parties égales appelées *millimètres*.

On nomme *mètre carré,* la surface qui a 1 mètre ou 10 décimètres sur ses deux dimensions.

On nomme *mètre cube,* un solide qui a 1 mètre ou 10 décimètres sur ses trois dimensions. Ce que nous allons réduire par table pour plus d'intelligence.

I. MESURE DES SURFACES.

1° Le centimètre carré contient 100 millimètres carrés;

2° Le décimètre carré contient 100 centimètres carrés ou 10.000 millimètres carrés;

3° Le mètre carré ou centiare contient 100 décimètres carrés ou 10.000 centimètres carrés, ou 1.000.000 de millimètres carrés.

4° Le décamètre carré ou are contient 100 mètres carrés ou 100 centiares;

5° L'hectomètre carré ou hectare contient 100 décamètres carrés ou 100 ares.

II. MESURE DES CORPS.

1° Le centimètre cube contient 1.000 millimètres cubes;

2° Le décimètre cube contient 1.000 centimètres cubes ou 1.000.000 de millimètres cubes;

3° Le mètre cube ou *stère* contient 1.000 décimètres cubes ou décistères, ou 1.000.000 de centimètres cubes ou 1.000.000.000 de millimètres cubes;

4° Le décamètre cube contient 1.000 mètres cubes.

Nous avons mis les mesures cubiques à la suite des carrées, afin de ne pas nous répéter, et aussi pour que l'on puisse voir plus aisément le rapport qu'elles ont les unes avec les autres.

Il y a encore une autre manière de mesurer et de réduire une chose du petit au grand ou du grand au petit, ce qui se fait au moyen des échelles.

On appelle *Échelle* une ligne qu'on trace sur le papier, et que l'on divise en parties égales, en rapport cependant les unes avec les autres; c'est-à-dire, si l'on veut qu'une échelle représente 1 mètre, on divise la ligne en dix parties égales, et une des dix en dix autres parties, lesquelles représentent des centimètres.

On distingue deux sortes d'échelle, l'une que l'on nomme *Échelle de décimètre* ou de *mètre*, laquelle sert à diriger toutes les parties d'un dessin, qui sont assujetties à des grandeurs données et ordinaires, ou relatives à la grandeur humaine; et l'autre, *Échelle de module*, laquelle n'a de rapport qu'avec la décoration et l'ordonnance d'un édifice; ainsi, en Architecture, le module est en rapport avec la colonne ou l'expression d'un ordre, dont il est le seizième, le dix-huitième, etc.

Lorsque les échelles sont trop petites pour que l'on puisse y exprimer les centimètres ou les millimètres selon qu'il est nécessaire, on se sert d'une échelle de réduction, laquelle se fait de la manière suivante :

Lorsqu'on veut faire une échelle de cette espèce, on borne une ligne à 1 mètre de long, que l'on divise en dix parties égales, et à l'extrémité de la ligne on élève une perpendiculaire à laquelle on donne 1 décimètre de hauteur ou un dixième de la longueur de la ligne, ce qui est la même chose; puis du haut de la perpendiculaire, on tire une ligne jusqu'à l'autre extrémité de la première : alors sur chacun des dix points de division, vous élevez des perpendiculaires, lesquelles ont de hauteur depuis 1 centimètre jusqu'à 10 centimètres, qui est la hauteur de la première perpendiculaire (fig. 12).

C'est la même chose pour les échelles de modules, excepté que pour les modules qui se divisent en dix-huit ou trente parties, on met dix-huit ou trente modules de longueur à l'échelle.

Lorsqu'on a une échelle divisée en un certain nombre de parties, et que l'on veut en faire une autre qui ne soit que le tiers ou le quart de la première, on forme un triangle quelconque, auquel l'échelle sert de base, et au sommet duquel on mène autant de lignes qu'il y a de points de division sur l'échelle; puis vous mettez la ligne que vous voulez diviser au-dessous de l'échelle; aux deux bouts de la ligne vous élevez deux perpendiculaires, que vous prolongez jusqu'à ce qu'elles rencontrent les deux côtés du triangle; et par les deux points de section vous tirez une ligne qui se trouve divisée en autant de parties que la première (fig. 13).

Lorsqu'une ligne est donnée comme celle *a b* (fig. 14), et qu'on veut la diviser en parties égales, sans chercher aucunement, on fait deux angles aux extrémités de la ligne, l'un dessus et l'autre dessous, d'une ouverture quelconque, pourvu qu'ils soient égaux entre eux; puis d'une ouverture de compas à volonté, vous portez sur les deux côtés *a c*, *b d*, autant de points que vous en avez besoin pour la division de la ligne *a b;* et de chacun de ces points vous menez les lignes *o*, *i*, lesquelles, en traversant la ligne *a b*, la divisent en parties égales suivant le nombre dont vous avez besoin.

§ 1. ÉVALUATION DES SURFACES.

Les dimensions des surfaces peuvent contenir différentes mesures ou termes, c'est-à-dire, des mètres seulement, ou des mètres et des décimètres, ou enfin des mètres, des décimètres et des centimètres, etc.

Lorsque la dimension ne contient que des mètres, il est facile d'en avoir le produit, car, supposons qu'elle soit carrée, on n'aura qu'à multiplier un de ses côtés par lui-même, par exemple 6 par 6, le nombre 36 sera le produit cherché.

Si la longueur était de 9 mètres et la largeur de 5 mètres, le produit serait 45, etc.

Mais si la dimension contient des mètres, des cenmètres, millimètres, etc., le calcul devient plus compliqué et demande beaucoup d'attention.

Supposons que le carré (fig. 15) contienne sur chacun de ses côtés $3^m,60$, il suffira pour en avoir la surface d'opérer comme précédemment, c'est-à-dire de multiplier $3^m,60$ par lui-même, ce qui donnera un total de $12^m,96$.

En résumé, pour obtenir la surface d'un carré on multiplie le côté de ce carré par lui-même.

De ce principe, on déduit la surface d'un carré long autrement appelé rectangle. Cette surface s'obtient en multipliant l'un des côtés qui est la base par l'autre côté qui est la hauteur (fig. 16).

§ 2. MANIÈRE D'ÉVALUER LES DIFFÉRENTES SURFACES.

On a la surface d'un triangle quelconque en multipliant la longueur de sa base par la moitié de sa hauteur, ou sa hauteur par la moitié de sa base, ce qui est la même chose.

Pour être convaincu de cette vérité, on n'a qu'à considérer le triangle *a b c* (fig. 17), comme enfermé dans un carré, et que ce carré soit séparé en deux, ainsi que le triangle *a b c*, par la ligne *a d;* il est certain que si toutes les lignes du carré sont parallèles comme elles le doivent être, la ligne *a d* est égale à celle *c f*, et, par conséquent, la ligne *d c* égale à celle *a f* : si ces lignes sont égales entre elles, il est certain que le triangle *a d c* est égal au triangle *c f a*. Or, comme ces deux triangles égalent la surface du rectangle *a d c f*, qui est par lui-même la moitié du carré *b c f e*, il est certain que le triangle *a b c* n'a de surface que la moitié de ce même carré.

Si c'est un triangle rectangle que l'on veut mesurer, la démonstration en est encore aussi simple ; car si aux deux côtés rectangles du triangle *g h i* (fig, 18), on mène deux parallèles, il est certain que ces lignes venant à se rencontrer au point *l*, elles formeront un rectangle *g h i l*, dont le triangle ne sera que la moitié de la surface, puisque la diagonale *i g* partage le rectangle en deux parties égales.

De telle forme que soient les triangles, ils ont toujours même surface, pourvu qu'ils aient même base et même hauteur.

Il en est de même pour les parallélogrammes obliques, qui sont égaux en surfaces aux parallélogrammes droits, lorsqu'ils ont la base égale et la hauteur égale.

Car, supposons que le parallélogramme oblique *m n o p* (fig. 19), soit inscrit dans le parallélogramme droit *q r p m*, il est sûr que la ligne *q r* est égale à celle *n o*, puisque ces deux parallélogrammes ont même base, et que les côtés opposés sont égaux ; si les côtés obliques du parallélogramme sont parallèles entre eux, la distance *q n* sera égale à la distance *r o*, et, par conséquent, le triangle *m q n* sera égal au triangle *p r o*. Si ces deux triangles sont égaux, il n'y a qu'à retrancher le triangle *p r o*, qui est excédent, et le faire rentrer à la place de celui *m q n*, que le côté *m n* du parallélogramme oblique laisse dans le parallélogramme droit, ce qui prouve très certainement l'égalité des deux parallélogrammes de même base et de même hauteur, *m q p r* et *m n o p*.

Pour avoir la surface d'un trapèze (fig. 20), il faut ajouter ensemble les deux côtés parallèles, en prendre la moitié et la multiplier par sa hauteur; le produit est la surface du trapèze.

Lorsqu'on voudra mesurer une surface d'une forme irrégulière, comme la figure 21, on y tirera une ligne diagonale, la plus longue qu'il sera possible, sur laquelle on abaissera des perpendiculaires de tous les angles de la figure, et l'on aura des triangles rectangles et des trapèzes de chacun desquels on cherchera la valeur séparément, et qui, ajoutés ensemble, donneront la valeur de la figure.

Nous disons qu'il faut toujours faire des triangles rectangles pour mesurer des surfaces d'une figure irrégulière, parce que ces sortes de triangles sont les seuls dont on ait la hauteur juste sans le secours d'une géométrie plus étendue, et, par conséquent, hors de la portée du plus grand nombre; ainsi, lorsqu'on aura des triangles d'une autre forme dont on voudra avoir la surface, on les convertira en des parallélogrammes obliques dont on prendra la moitié du produit (fig. 22 et 23).

Pour avoir la surface d'un polygone régulier, multipliez la moitié de son contour ou périmètre par une perpendiculaire abaissée du centre sur un des côtés.

Pour justifier ce que nous avançons, on n'a qu'à faire attention qu'un polygone renferme autant de triangles qu'il y a de côtés, et que, par conséquent, le périmètre du polygone est la base de tous les triangles qui y sont inscrits, dont la hauteur est égale à la perpendiculaire prise du centre du polygone (fig. 24).

On se sert de la même méthode pour évaluer la surface d'un cercle ; car en le considérant comme un polygone d'une infinité de côtés, on peut de même le réduire en triangles ; ainsi on a la surface d'un cercle en multipliant la circonférence par la moitié de son rayon, ou par le quart de son diamètre. Lorsqu'on veut avoir la circonférence d'un cercle dont on ne connaît que le diamètre, on se sert de la proportion d'Archimède, dont le rapport est à peu près comme 7 est à 22 ; de ces deux nombres et de celui du diamètre connu, on fait une règle de trois, et l'on dit, 7 est à 22, comme, par exemple, 14 est à un quatrième terme, circonférence cherchée ; ce que l'on trouve en multipliant 22 par 14, et en divisant le produit par 7, ce qui donnera 44, valeur de la circonférence cherchée.

Si, au contraire, on ne connaît que la circonférence, et que l'on veuille connaître le diamètre, on fait l'inverse de la règle ci-dessus indiquée, et on dit : 22 est à 7, comme 44 est au quatrième terme, diamètre cherché.

On appelle *Secteur de cercle*, l'aire compris entre deux rayons et une portion de la circonférence ; lorsqu'on en veut avoir la surface, on prend la longueur de l'arc, que l'on multiplie par la moitié du côté du rayon ; si on ne peut pas mesurer l'arc, et que l'on n'ait seulement que la longueur du rayon et l'ouverture de l'angle, on cherche d'abord la surface du cercle entier, ainsi que nous l'avons dit ci-dessus ; puis on compare le rapport de l'ouverture de l'angle avec celui du cercle entier, duquel on retranche le cinquième, le sixième ou le septième, selon ce que l'angle est la circonférence (fig. 25 et 26).

On nomme *Segment de cercle*, l'aire compris entre un arc de cercle et la corde qui le soutient; et l'on a la surface de ce segment en agissant comme si c'était un secteur entier, du produit duquel on retranche la surface du triangle, auquel la corde de ce segment sert de base (fig. 27).

§ 3. MESURE DES SOLIDES ; ÉVALUATION DE LEURS SURFACES.

Avant que de déterminer la mesure des solides il est nécessaire d'en connaître les surfaces, lesquelles se mesurent différemment, selon les différentes formes des solides.

Le cube a toutes ses dimensions égales (comme nous l'avons déjà dit) ; ainsi les six faces qu'il représente étant égales en surface, il suffit d'en mesurer une dont on multipliera l'aire par six : le produit qui viendra de cette multiplication donnera la surface totale du cube.

Le parallélipipède a aussi six faces, ainsi que le cube, celles qui sont opposées sont égales, ce qui fait trois espèces de surfaces à trouver, du produit desquelles vous ferez une seule et même somme que vous multiplierez par 2, et vous aurez la surface totale du parallélipipède.

Pour ce qui est la surface du prisme, on comptera les côtés de son plan générateur, dont chacun est comme la base d'autant de parallélogrammes qui entourent le prisme ; si les côtés de la base sont égaux entre eux, on mesurera un de ces parallélogrammes, et on le multipliera par un nombre égal à celui des côtés du plan générateur; mais si les côtés sont inégaux, on mesurera chaque parallélogramme en particulier, et, en réunissant toutes les sommes à celles des deux plans, on aura la surface du prisme.

Pour mesurer la surface d'un cylindre, il faut, après avoir déterminé les surfaces des plans ou bases circulaires, comme il a été dit ci-dessus, prendre la circonférence de l'une de ses bases que l'on multipliera par la hauteur du cylindre, dont le produit donnera la surface convexe, lequel, ajouté à celui des deux bases circulaires, formera la mesure de la surface du cylindre.

La surface de la sphère est égale à la surface convexe d'un cylindre dans lequel elle serait inscrite, c'est-à-dire qui a même base et même hauteur; ainsi, pour avoir la surface d'une sphère, on multipliera son diamètre par la circonférence, ce qui prouve que la surface de la sphère est à la surface totale d'un cylindre de même base et de même hauteur comme 2 est à 3, de même que la surface d'un cercle de même diamètre n'est que le quart de celle de la sphère et le sixième du cylindre. Voyez la figure 28 où est représentée une sphère inscrite dans un cylindre. Nous devons cette découverte à Archimède.

Pour avoir la surface totale d'une pyramide, après avoir mesuré la surface de sa base, il faut prendre celle de tous les triangles qui composent la pyramide; si le plan de sa base est régulier, il en faut prendre le périmètre au contour, et le multiplier non par la moitié de sa hauteur perpendiculaire, mais par la moitié de la hauteur de l'une de ses faces (voyez la ligne *a b*, fig. 29).

Pour avoir la surface convexe d'un cône, on multipliera la circonférence de sa base par la moitié du côté *i f c* (fig. 30).

Pour avoir la surface convexe du cône tronqué *i h d e* (fig. 30), on multipliera la hauteur d'un de ses côtés par une circonférence *f g*, moyenne proportionnelle arithmétique entre les deux circonférences *d i* et *h e* du cône tronqué.

La surface d'un plan elliptique est égale à celle d'un cercle dont le diamètre est d'une grandeur moyenne, proportionnelle géométrique entre son grand et son petit diamètre ; de même, la surface d'un ellipsoïde est égale à celle d'une sphère moyenne proportionnelle géométrique, ainsi que sa surface plane (fig. 31).

§ 4. MESURE DES CORPS SOLIDES.

On a le produit des solides rectangles, comme les cubes, les parallélipipèdes et les prismes, en multipliant le produit de la surface de leur base par leur hauteur. Lorsque le côté d'un cube contient trois termes, ainsi que l'indique la figure 32, le calcul en devient très compliqué, à cause des différentes espèces de solides que produisent les corps des trois dimensions indiquées par les lignes ponctuées de la figure.

On divise la mesure des solides en mètres, décimètres, centimètres cubes, etc., c'est-à-dire que le mètre cube contient 1,000 décimètres cubes, ou 1,000,000 de centimètres cubes.

Donc, pour évaluer le volume d'un cube qui contient en mesures de longueur, des mètres, des décimètres et des centimètres, il suffit de multiplier la longueur par la largeur, ce qui donne la surface de la base, et ensuite de multiplier ce produit par la hauteur, ce qui donnera le volume cherché. Seulement, on aura soin de diviser le total en tranches de trois chiffres en partant de la droite, et allant vers la gauche.

Les trois premiers chiffres groupés à droite exprimant des centimètres cubes, les trois chiffres suivants, en allant vers la gauche, exprimeront des décimètres cubes ; puis on mettra une virgule, et tout ce qui restera à gauche de cette virgule exprimera des mètres cubes.

Exemple : On veut avoir le volume d'un cube dont le côté est $3^{m},22$, on multipliera $3^{m},22$ par $3^{m},22$, ce qui donnera $10^{m2},3684$, et en multipliant ce résultat par la hauteur qui est aussi de $3^{m},22$, on obtiendra un cube ou total de $33^{m3},386,248$; en séparant, à partir de la droite et allant vers la gauche, six chiffres ou deux groupes de trois chiffres, on obtiendra $33^{3},386$, 248 centimètres cubes.

En général, un prisme contient toujours en solidité trois pyramides de même base et de même hauteur; ainsi on a la solidité d'une pyramide quelconque, en multipliant le produit de sa base, par sa hauteur perpendiculaire, duquel produit on prendra le tiers qui sera la solidité de la pyramide ; ou bien, multipliez la base par le tiers de sa hauteur, ce qui est la même chose (voyez fig. 33 et 34, où sont démontrées les coupes de ces trois pyramides dans un prisme triangulaire).

On a la solidité d'un cylindre en multipliant la surface de sa base par sa hauteur.

La solidité du cône est égale au tiers de la solidité d'un cylindre de même base et de même hauteur : ainsi il faudra multiplier la surface de sa base par le tiers de sa hauteur.

Pour avoir la solidité du cône tronqué, on lui ajoutera un autre petit cône fait par la prolongation des côtés du grand; on évaluera ensuite la solidité du petit, que l'on retranchera de la solidité du grand, prise du sommet du petit ajouté au grand, et le restant exprimera la solidité du cône tronqué.

La solidité de la sphère est à celle d'un cylindre circonscrit, comme 2 est à 3, c'est-à-dire qu'elle en est les deux tiers.

Pour l'avoir plus promptement, on multipliera sa surface par le tiers d'un de ses rayons, d'où il suit que la sphère est égale en solidité à une pyramide ou à un cône qui aurait pour base la surface de la sphère, et pour hauteur son rayon ou demi-diamètre.

La solidité d'un ellipsoïde est égale à celle d'une sphère, dont le diamètre est moyen proportionnel entre le grand et le petit diamètre d'un ellipsoïde.

SECTION QUATRIÈME

NOTIONS DE STÉRÉOTOMIE, POUR SERVIR A L'ART DU TRAIT.

(*Planche* 3)

Il est démontré dans la géométrie des infiniments petits, que les corps solides peuvent être considérés comme une multitude de plans très minces, élevés au-dessus les uns des autres, d'où il résulte que lorsque ces mêmes corps viennent à se pénétrer et qu'ils sont coupés par les plans égaux et parallèles, l'intersection de ces plans donne différentes courbes à l'endroit où les corps se pénètrent, ou pour mieux dire se rencontrent; et c'est la connaissance de ces différentes courbes qui fait en partie toute la science de l'Art du Trait, lequel n'est pas un secret ni une science vague et arbitraire, comme bien des gens se le sont persuadé, mais au contraire une science vraie et fondée sur des principes constants, ainsi que nous le démontrerons dans la suite de cet ouvrage.

DÉVELOPPEMENT DES SURFACES DE DIFFÉRENTS CORPS.

Les corps dont nous allons donner ici le développement, sont les *cubes*, les *prismes* et les *parallélipipèdes*, les *cylindres* et les *pyramides* de toute espèce, les *cônes* tant droits qu'obliques, et la *sphère*.

Le développement des cubes, ainsi que des parallélipipèdes et des prismes, n'est pas susceptible d'une grande démonstration, n'étant composés chacun que de six surfaces rectangles et parallèles, lesquelles sont toutes semblables aux cubes seulement, ainsi qu'on peut le voir dans la figure 35, laquelle représente un cube dont toutes les faces sont numérotées, et la figure 36, qui représente le développement de ce même cube, avec les mêmes numéros à chaque partie du développement.

Pour tracer la surface de la pyramide triangulaire droite figure 37, il faut faire l'opération suivante :

Après avoir tracé son plan (fig. 38), et son élévation géométrale (fig. 38), prenez l'ouverture du compas *d e* (fig. 37), avec cette ouverture décrivez l'arc de cercle indéfini *a a* (fig. 39), fixez à volonté sur cet arc de cercle le point *a*, et portez sur cet arc à partir du point *a* les distances *b c a*, que vous aurez prises de la distance d'un angle à l'autre sur le périmètre du plan (fig. 38), tirez des lignes droites des points *a b c a* au centre *d* (fig. 39), et le développement sera terminé.

Quand on veut avoir le développement de la surface d'un cylindre, on commence par prendre les deux cercle de ses deux bouts, puis on divise l'un de ces cercles en un nombre de parties égales prises à volonté, desquels points de division on abaisse des perpendiculaires le long du cylindre, lesquelles divisent la surface en autant de parallélogrammes égaux (1); de sorte que la surface convexe d'un cylindre droit est un parallélogramme qui a pour base la circonférence d'un des cercles des bouts du cylindre, et une hauteur égale à ce dernier.

Cette manière de donner le développement d'un cylindre est la même que celle que nous avons donnée dans la figure 28, à l'exception toutefois que cette dernière n'est que pour donner la valeur de la surface d'un cylindre ; au lieu que la première, qui est celle dont nous parlons ici, remplit non seulement le même objet, mais encore donne le moyen de connaître les courbes que produisent sur la surface développée d'un cylindre, les différentes coupes que l'on peut y faire, lesquelles nous réduirons à trois espèces ; savoir : premièrement, une coupe diagonale, ainsi que l'indique la ligne *a b* (fig. 40); secondement, une coupe en demi-

1. Quoique nous disions qu'il faut faire ces divisions égales il ne faut cependant pas croire que cela soit absolument nécessaire pour parvenir aux différentes opérations dont nous allons parler ci-après, y ayant mêmes des occasions où l'on ne le peut pas faire. Si nous le recommandons ici, ce n'est que pour rendre les opérations plus claires et plus faciles ; et c'est la méthode que nous suivrons dans la suite de cet ouvrage.

cercle, ainsi que la ligne *c d;* troisièmement enfin, une coupe faite d'une partie de cercle ou d'ovale, comme la ligne *e f*, même figure.

Lorsqu'un cylindre est coupé par une ligne oblique dont on veut avoir le développement, après avoir divisé la surface du cylindre et celle de son développement en autant de parties égales, ainsi que dans les figures 40 et 41 ; et après avoir adopté l'une des deux lignes des bases du cylindre, pour y prendre des points de division, comme par exemple celle *c d* (fig. 40), on prendra la distance 15, *l* que l'on portera de 1 en *o*, de 7 en *o* et de 1 en *o*, les deux lignes 1, 1, étant prises pour une seule; puis on prendra la distance 14 *i*, que l'on portera de 2 en *o* et 6 en *o;* celle 13 *k*, que l'on portera de 3 en *o* et de 5 en *o;* celle de *c* en *a*, que l'on portera de 4 en *o;* la distance de 16 en *m*, que l'on portera de 8 en *o* et de 12 en *o;* celle de 17 en *n*, que l'on portera de 9 et de 11 en *o;* enfin la distance 10 *b*, que l'on portera de 10 en *o;* ensuite de quoi on fera passer par tous les points *o*, *o*, une ligne courbe, laquelle sera le développement de la coupe oblique du cylindre, ainsi qu'on l'avait demandé.

Quant aux autres coupes du cylindre, ce sera la même chose qu'à celle-ci, parce qu'après en avoir déterminé la coupe, soit en demi-cercle ou en portion de cercle, on prend d'une des bases du cylindre, ou sur une ligne perpendiculaire aux côtés de ce dernier, ce qui est la même chose, on prend, disons-nous, la distance qu'il y a de cette base et la section que forme la rencontre de la coupe, et les perpendiculaires qui sont tracées au pourtour de la circonférence, que l'on portera sur les lignes du développement du cylindre, lesquelles leurs sont correspondantes. Ainsi pour la section *e f g* (fig. 40), on prendra la distance *f g*, que l'on portera de 10 en *u;* celle de *œ t*, de 9 en *u* et de 11 en *u*; celle de *œs*, de 8 en *u* et de 12 en *u*; celle *zr*, de 1 en *u* et de 7 en *u*; celle *yq*, de 2 en *u* et de 6 en *u*; enfin celle *xp*, de 3 en *u* et de 5 en *u*; le point *e* et le point 4 (fig. 41), se confondant avec la ligne de la base du cylindre.

Quant à la coupe en demi-cercle, on prendra la distance 15, 7 (fig. 40), que l'on portera de 7 en plus et de 1 en plus; celle 14, 6 ou 16, 8 de 3 en plus, de 5 en plus, de 9 en plus et de 11 en plus; enfin celle 13, 5 ou 17, 9, de 2 en plus, de 6 en plus, de 8 en plus et de 12 en plus; les points 4 et 10, se confondant avec la base du cylindre.

Après avoir eu les courbes que produisent les différentes coupes d'un cylindre sur la surface développée, il est quelquefois nécessaire d'avoir la surface de ces mêmes coupes, ce qui se fait de la manière suivante:

Lorsqu'on veut avoir, par exemple, la surface de la coupe oblique *ab*, du cylindre (fig. 40), on tire les deux lignes *ab*, *cd* (fig. 42), perpendiculaires l'une sur l'autre; on prendra la distance *lm* ou *li* (fig. 40), que l'on portera de *e* en 1 et de *e* en 2; puis celle *ln* ou *lk* que l'on portera de *e* en 3 et de *e* en 4; et celle *la* ou *lb* que l'on portera de *e* en 5 et de *e* en 6; puis par les points 3, 1, 2, 4, on fera passer des lignes perpendiculaires à celle *ab*, et par conséquent parallèles à celle *cd*; ensuite on prendra sur la base du cylindre (fig. 40), la distance 15, 1, que l'on portera de *e* en *o* et de *e* en *i* (fig. 42); celle 14, 2 ou 16, 12, que l'on portera de 1 en *o* et en *i* et de 2 en *o* et en *i*; enfin la distance 13, 3 ou 17, 11, que l'on portera de 3 en *o* et en *i* et de 4 en *o* et en *i*; puis par les points 5 *iii* et par ceux 6 *ooo*, on fera passer une ligne courbe, laquelle enfermera la surface demandée.

Cette surface est une espèce d'ovale, nommée *ellipse*,

laquelle approche plus ou moins de la forme du cercle, en raison que la coupe du cylindre est plus ou moins inclinée. Cette espèce de courbe est d'un usage très fréquent dans l'Art du Trait ; c'est pourquoi nous donnerons la manière de la tracer ci-après.

Pour ce qui est des surfaces des autres coupes du cylindre, c'est la même chose que pour celle dont nous venons de parler ci-dessus, excepté que, quand ces coupes ne sont pas d'une même inclinaison à leurs deux extrémités, les distances des lignes de leur construction sont inégales à ces mêmes extrémités, ainsi qu'on peut le voir dans la figure 43, qui est le développement de la coupe *e r f* (fig. 40).

Au contraire, quand cette coupe est un demi-cercle, ou toute autre forme régulière, et dont les extrémités sont également inclinées, les distances sont les mêmes vers les extrémités de la surface de ces coupes ; et toute la différence qu'il y a d'avec l'ellipse, c'est qu'il faut prendre les distances des lignes de construction chacune en particulier, et non pas du centre, comme on l'a fait à l'ellipse. Voyez la figure 44, qui représente la coupe d'un cylindre, formée par un demi-cercle d'un diamètre égal à celui de ce dernier, ce qui fait que toutes les lignes de construction de cette figure sont d'une distance égale entre elles, ce qui ne serait pas si cette coupe était de toute autre forme.

Lorsqu'un cylindre est oblique, et que sa base est toujours un cercle, on a le développement de sa surface en se servant de la même méthode que pour le cylindre droit, à l'exception que les distances ne se prennent pas des bases du cylindre oblique, mais d'une ligne prise à volonté sur sa largeur, et toujours perpendiculaire à ses côtés, ainsi que celle *a b* (fig. 45), laquelle ligne est représentée toute développée par celle *c d* (fig. 46), qui est le développement du cylindre oblique, duquel nous ne ferons aucune démonstration, ce que nous avons dit en parlant du cylindre droit, étant plus que suffisant pour peu qu'on veuille y faire attention. Quant à la coupe de ce cylindre, quand elle est oblique avec sa base, ainsi que celle *a b* (fig. 45), la surface de cette coupe devient une ellipse, dont la ligne *c f* est le grand diamètre, et celle *a b* le petit (voyez la figure 47 qui représente cette ellipse).

La démonstration de cette ellipse est la même que celle de l'autre cylindre, à l'exception que dans le premier, c'est-à-dire dans le droit, le diamètre du cylindre est le petit axe de l'ellipse; et qu'au contraire c'est le diamètre du cylindre oblique qui est le grand axe de cette ellipse, ainsi que nous l'avons dit ci-dessus.

Lorsqu'on veut avoir le développement de la surface d'une pyramide droite, dont le plan est régulier, comme dans la figure 48, on prend la longueur *a b* d'une des arêtes de cette pyramide ; et d'une ouverture de compas égale à cette longueur, et du point *f* comme centre, on décrit l'arc de cercle *c d e* (fig. 49), sur lequel arc de cercle on porte la longueur *g h* (fig. 50) autant de fois que la base de la pyramide a de côtés, de sorte que cela forme autant de triangles dont les sommets vont se joindre au point *f*. Quand on veut joindre à cette surface des faces latérales développées, celle de sa base, on ajoute aux triangles de sa surface, ceux qui sont produits par cette même base, de sorte qu'ils ont une seule et même base, qui n'est autre chose que le périmètre, ou ligne de pourtour de ce même plan (fig. 51).

Lorsque les pyramides sont inclinées comme la figure 52, on en a le développement de la manière suivante :

Après avoir établi au bas de la pyramide la moitié

de son plan, on prolonge indéfiniment la ligne de sa base *g h*, et de son sommet *a* on abaisse une perpendiculaire, laquelle, par conséquent, fait un angle droit avec la ligne de base au point *b* ; puis, de ce point, comme centre et de chaque angle du plan, on décrit les arcs de cercle *c*, *d*, *e*, *f* ; desquels points *d*, *f* on mène des lignes au sommet *a*, lesquelles sont les véritables longueurs des côtés des triangles qui composent la surface de cette pyramide. Ensuite on prend la longueur *a g*, que l'on porte de *i* en *o* (fig. 52) ; puis on prend la distance *a d*, que l'en porte de *i* en *n* et en *p*, avec l'attention toutefois de ne faire qu'une section, et d'une ouverture de compas égale à un des côtés du plan, comme *c e*, et du point *o*, comme centre, on fait deux sections, lesquelles, venant rencontrer les deux premières aux points *n* et *p*, forment les deux triangles *i n o* et *i o p*, dont la surface de chacun d'eux est égale à celle du triangle *a g d* (fig. 51). On fera pour les autres triangles la même chose que pour ceux-ci ; c'est-à-dire qu'on prendra la distance *a f*, que l'on portera de *i* en *m* et de *i* en *q*, puis celle *c e* de *n* en *m* et de *p* en *q* ; enfin, on prendra la distance *a h* que l'on portera de *i* en *l* et de *i* en *r*, et celle *c e* de *m* en *l* et de *q* en *r*, ce qui donnera le développement de la surface de la pyramide inclinée.

S'il arrivait qu'une pyramide inclinée fût sur un plan irrégulier, on se servirait de la même méthode que ci-dessus, en observant seulement de tracer tout le plan en son entier, et de faire passer la ligne de la base de la pyramide, par les deux angles les plus éloignés du plan.

PRINCIPE POUR TROUVER TOUTES LES COUPES DANS LES PARTIES CINTRÉES.

(*Planche* 4)

Après avoir tracé la ligne intérieure et la ligne extérieure de votre moulure (lettre *o p*, fig. 2), il n'est pas nécessaire de reproduire toutes les lignes des corps de moulure, mais on est obligé de reproduire une ligne qui se trouvera à l'axe de la largeur de la moulure (lettre *q*), ce qui formera des angles à l'endroit des coupes (voir les deux parties cintrées, fig. 1). Ces angles donnent les points *b c a*. De chacun de ces points vous tracez une circonférence ; il y en a, par conséquent, trois. La jonction de ces circonférences vous donne les points 1, 2, 3, 4. Du point 1 au point 2 vous tirez une ligne à l'infini, ainsi que du point 3 au point 4. Ces deux lignes se rencontrent et forment la lettre *d;* du point *d* au point *b* vous ouvrez votre compas et vous décrivez un arc de cercle qui vous donnera la coupe.

La figure 2 se construit d'après le même principe que la figure 1 ; la lettre *i* est le point de centre pour décrire la coupe.

Les figures 3 et 4 s'établissent d'après les mêmes principes et c'est la lettre *d* qui est le point de centre.

Les coupes droites se font à la rencontre des lignes extérieures et intérieures des moulures comme le démontre la figure 5.

RÉDUCTION DES PROFILS DE MOULURE ET TRACÉ DE LA SPIRALE ET DE LA VOLUTE.

(*Planche* 5)

Pour réduire une corniche ou toute autre moulure, on procède de la manière suivante : le profil étant déterminé vous tirez une ligne horizontale en dessous à l'infini ; au bout de cette ligne vous faites un point qui sera la lettre *A* (fig. 1 et 2), ensuite du dessus de la corniche vous tirez une ligne (ligne 1) que vous prolongez jusqu'à la lettre *A*. Derrière la moulure vous tracez la ligne *B* que vous prolongez en contre-bas de la corniche; ensuite de tous les corps de moulure vous faites partir des lignes jusqu'à la rencontre du point *A*. Toutes ces lignes vous donnent les corps de moulure sur la hauteur (à n'importe quelle distance que vous portez votre profil sur la ligne *A*).

Pour obtenir la saillie des corps de moulure, vous abaissez des verticales sur la ligne *A*, par exemple, les lignes, 1, 2, 3, 4, 5, 6 et 7. Vous pointez le compas sur le point *x* et vous l'ouvrez jusqu'au point, 1 ligne *A*, et vous décrivez un quart de cercle jusqu'à la rencontre de la ligne *B B*. Vous n'avez ensuite qu'à prendre tous les points et vous faites de même pour chaque profil. De tous ces points vous prolongez des lignes jusqu'à la lettre *A*. Plus vous rapprochez le profil de corniche du point *A*, plus cette dernière se trouve réduite. Il en est de même pour la saillie (fig. 2). Le derrière de la moulure forme la ligne verticale *C D;* le point *x* se trouve sur la ligne *A* comme la figure 1 ; du point *x* au point *D* vous décrivez un quart de cercle jusqu'à la rencontre de la ligne *A ;* de même pour le point 2 et les suivants. En élevant des perpendiculaires, ces lignes vous donneront la saillie des corps de moulure.

Ce profil (fig. 3 et 4), étant double, on tire une ligne de base *A A* au centre de la largeur du profil, et de chaque corps de moulure on tirera des lignes jusqu'au point *A*. Pour la saillie on tire la ligne *d b* au-dessous du profil (fig. 3 et 4). Cette ligne est horizontale et de la même longueur que la ligne *A A*. On commence par prolonger la ligne qui forme le derrière du profil, ensuite on abaisse sur la ligne *d b* la ligne *c c* qui est la partie la plus saillante du profil. On opère de même pour tous les corps de moulure. Du point *d* comme centre on décrira des quarts de cercle jusqu'à la rencontre de la ligne *d e* et on prolongera toutes ces lignes jusqu'au point *b*.

Pour la figure 4 il faut opérer d'après les mêmes principes que pour la figure 3.

AUTRE MANIÈRE DE RÉDUIRE LA SAILLIE D'UNE CORNICHE.

Pour réduire la saillie d'une corniche (fig. 5), on procédera de la manière suivante : après avoir déterminé le profil, on tirera une ligne horizontale à l'infini au-dessus du profil et une ligne verticale au derrière de ce dernier. Ces lignes sont *e b* pour la ligne horizontale et 3 4 pour la ligne verticale.

Pour réduire la hauteur d'après ce profil, on prend à volonté une hauteur voulue que l'on porte du point 4 au point *b ;* du point *b* on abaisse une ligne verticale à l'infini et l'on tire une ligne horizontale qui part du point 3 et qui donne le point 2 sur la ligne verticale *b* 1 ; pour fixer la saillie que l'on voudra donner à la corniche on portera cette distance du point 2 au point 1; du point 1 on tire une ligne horizontale à l'infini et du point *e* on abaisse une ligne verticale qui fixe le point *a*. Du point *a* au point 3 on tire une ligne oblique ; de même du point 3 au point *b*.

De chaque corps de profil on abaisse des verticales sur la ligne oblique et on les prolonge en lignes horizontales. Ceci donne la largeur et la hauteur des corps de moulure.

L'opération sera ainsi terminée.

Lorsqu'un profil est trop large, on établira une ligne d'emprunt, comme la ligne *f*.

MANIÈRE DE TRACER LA VOLUTE.

Fig. 6. — Ayant tiré la perpendiculaire de cette première volute et une autre ligne horizontale qui la coupe à angles droits au centre de l'œil de la volute, on divise l'œil de la manière dessinée en cette figure à l'endroit marqué *A*. On commence par le point marqué *I*; de ce point-là comme centre, et de la distance de ce point à la partie supérieure de la perpendiculaire, on décrira un quart de cercle qui ira rencontrer la ligne qui coupe la perpendiculaire à angles droits; ensuite, transportant la pointe du compas au point marqué 2 et l'ouvrant en telle sorte qu'il reprenne la fin de l'arc précédent, on décrira un autre arc jusqu'à la partie inférieure de la perpendiculaire, et l'on fera ainsi trois tours de suite des centres 3 4 5 6 7 8 9 10 11 12. La grosseur du listel qui est le quart de la hauteur, que la première révolution laisse au-dessus de soi, se trouvera aisément en partageant en quatre chacune des parties qui ont servi de centre à la première volute, et l'on décrira sur ces douze points douze arcs de cercle qui achèveront les trois contours de l'épaisseur du listel.

Si l'on veut décrire cette première manière de volute sans jarrets, au lieu de commencer les arcs de cercle sur la perpendiculaire et sur la ligne qui la coupe à angles droits, tirez les lignes ponctuées 1 *A*, 1, 2 *B*, 2, 3 *C*, 3, 4 *D;* prolongez ces lignes autant qu'il le faudra dans les arcs de cercle qui forment le contour de la volute, parce que, par ce moyen, les deux arcs qui se suivent ayant toujours leurs centres dans la même ligne, se touchent nécessairement sans se couper.

La figure 7 est une reproduction en grand de l'œil de la volute.

TRACÉ DE LA SPIRALE

Fig. 8. — La spirale est une courbe indéfinie qui se développe en tournant sur elle-même. Les tours de la spirale se nomment des spires. Pour tracer cette figure, on fait d'abord un petit carré dont on prolonge chacun des côtés comme on le voit dans la figure 8. Du point *o* comme centre et avec une ouverture de compas égale à *o r* on décrit un quart de cercle jusqu'à la rencontre de la ligne *o s*. On porte ensuite la pointe du compas au point *p*, et de ce point comme centre et avec une ouverture de compas assez grande pour rejoindre le premier quart de cercle on en trace un nouveau jusqu'à la ligne *p v*. On porte en *q* la pointe de son compas et de ce point comme centre et avec une ouverture de compas assez grande pour rejoindre l'extrémité du quart de cercle déjà tracé, on en trace un nouveau qui se termine à la rencontre de la ligne *r t*. On place ensuite la pointe du compas au point *r* et l'on continue comme précédemment. L'on procède ainsi jusqu'à ce que la spirale soit assez longue. Si le carré du centre est fort petit, on pourra faire un assez grand nombre de tours dans un espace restreint.

SECTION TROISIÈME

OUTILS NÉCESSAIRES AUX ÉBÉNISTES.

(*Planche* 6)

La figure 1 représente une scie ordinaire ou scie à débiter.

Nous n'entrerons pas dans les détails de sa construction qui, du reste, est des plus simples; notre dessin étant plus que suffisant.

Nous n'avons pas cru nécessaire de donner la scie à araser et la scie à tenon, qui sont de la même construction; elles ne diffèrent que dans la dentelure de la lame, qui est plus droite et plus fine pour la scie à tenon, de même que la scie à araser qui possède une dentelure encore plus petite que la scie à tenon.

Fig. 2. — Cette scie, dite allemande, et la scie à chantourner, ressemblent beaucoup aux précédentes ; elles en diffèrent, toutefois, en ce que la lame est mobile. Il en résulte que le plat de la lame peut tantôt être mis dans une situation telle qu'il soit opposé à la tranche du montant, tantôt dans une position semblable à celle du plat du montant, tantôt dans une position intermédiaire. Pour faire cette opération, il faut détordre un peu la corde, puis tourner les poignées l'une après l'autre ou ensemble. Cette mobilité de lame offre de grands avantages. On peut, avec la scie allemande, détacher du bord ou de la tranche d'une planche une pièce très mince, ce qu'on n'exécuterait pas avec la scie à débiter si la planche était très large. De plus, on peut découper des parties courbes ayant un grand rayon. Enfin, quand on met la lame dans la même position que celle de la scie à débiter, elle peut servir aux mêmes usages. Il est évident que les boulons qui guident la lame doivent tourner à frottement un peu dur dans les trous des traverses. Il faut avoir bien soin que les deux poignées soient tournées précisément au même degré, sans cela la lame, au lieu d'être droite, serait tordue, et il deviendrait presque impossible de la diriger.

Il est bien préférable de ne pas amincir les extrémités de la traverse pour les faire entrer dans les montants ; il vaut mieux tenir la traverse plus forte que de coutume et entailler ses deux extrémités en enfourchement destiné à recevoir les montants.

Les figures 3 et 18 représentent deux scies à main ou passe-partout de dimensions différentes. Ces scies servent quand on veut faire dans une planche une ouverture ronde ou carrée. Ce sont des outils disposés de manière à pouvoir être maniés avec une seule main. Ils se composent d'une lame d'acier, dentelée sur un des côtés, finissant en pointe et augmentant de largeur depuis l'extrémité jusqu'à la poignée. Il y a des scies de ce genre de dimensions diverses ; quelques-unes sont plus larges que les lames des scies ordinaires, et toutes sont plus fortes et plus épaisses, ce qui est indispensable puisque rien ne les soutient.

La figure 4 donne la scie à découper qui est spécialement destinée à exécuter toute espèce de découpures dans le bois.

Comme la lame des scies est tendue par la torsion d'une corde et comme toutes les cordes sont sujettes à s'allonger ou à se raccourcir, suivant que l'air est plus ou moins humide, il faut avoir bien soin de lâcher la clef et de détendre la corde chaque fois que l'on met la scie de côté pour ne plus s'en servir de quelque temps. Sans cela, si l'humidité venait à gonfler la corde et à la rendre, par conséquent, plus courte, la monture se briserait à l'improviste, ou tout au moins deviendrait gauche et courbée.

La figure 5 donne une scie à placage,
— 6 — un marteau à plaquer,
— 7 — un marteau ordinaire,
— 8 — des serre-joints qui sont surtout employés pour maintenir les pièces d'une grande largeur qu'on veut joindre et coller. On sait qu'il en existe plusieurs sortes, les unes en fer, les autres en bois, d'autres enfin en bois et en fer. Celui que nous représentons est en bois.

La figure 9 représente des tenailles,
— 10 — un compas,
— 11 — une pointe à tracer,
— 12 — un compas cintré,
— 13 — une pierre à éfiler,
— 14 — un vilebrequin,
— 15 — un maillet,
— 16 — un trusquin.

Les trusquins servent à tracer des lignes parallèles à une autre ligne. Il y en a qui possèdent deux points pour le tracé des mortaises. Il en existe aussi dont la tête est cintrée afin de pouvoir tracer des lignes courbes, parallèles à une surface courbe.

La figure 17 est une presse à main. Les presses à main servent à assujettir les petites pièces que l'on veut coller ensemble, ou bien à fixer les grandes pièces par les bords.

La figure 18 représente une petite scie à main à découper (voir fig. 3).

La figure 19 est un fer à empéner.

OUTILS NÉCESSAIRES AUX ÉBÉNISTES. (*Suite.*)

(*Planche* 7)

La varlope (fig. 1 et 2) est le principal outil pour corroyer le bois. Le bois avec lequel on la confectionne doit être très dur et on doit employer de préférence le cormier ou le charme. Pour les varlopes, on fait la coupe de la lumière à 45°; mais pour le rabot à replanir (fig. 3 et 4) on peut mettre la coupe à 50° ; il faut avoir soin de ne pas trop arrondir le contre-fer sur l'épaisseur, cela fait buter le copeau et engorger le rabot, surtout si c'est un rabot à finir qui, d'ordinaire, ne doit jamais avoir une grande lumière.

Il y a deux sortes de guillaumes, le guillaume debout (fig. 6) et le guillaume de file (fig. 5).

Les pentes à donner aux outils doivent être les suivantes :

Les varlopes, guillaumes et rabots, 45° ;
Les outils de moulure, 50°;
Les guillaumes de bout, 60°.

Pour les moulures larges, on doit faire dégorger dessus ce qui permet de rendre la lumière plus droite afin de produire moins d'éclats et donner alors 55° de pente au moins à la lumière.

La figure 7 représente un bouvet,
— 8 un bouvet à moulures,
— 9 un bouvet de deux pièces à rapprofondir,
— 10 un bouvet de deux pièces vu par le bout,
— 11 la division des degrés pour la pente des outils,
— 12 une presse pour affûter les scies.

La figure 13 est une équerre composée de deux morceaux de bois que l'on assemble à angles droits, très juste et le plus solidement possible. On doit veiller à ce que les morceaux de bois qui la composent soient eux-mêmes bien carrés, sans quoi elle déverserait et ne serait pas juste. Il est préférable de l'assembler à deux tenons comme l'indique notre figure 13. Cette manière est la plus solide. L'assemblage à enfourchement, comme on le fait très souvent, n'est pas suffisant, car l'humidité ou la chaleur peuvent faire souffler les joues et, par conséquent, déranger l'équerre. Lorsqu'une équerre est grande, on doit y mettre une petite clef comme l'indique la lettre *a ;* cette clef maintient l'équerre lorsque l'on s'en sert.

La figure 14 est une pièce carrée de 45°. Pour l'établir, faites un angle droit *a b c*, ouvrez votre compas à la longueur que vous voudrez donner à l'équerre et, en mettant la pointe du compas sur l'angle *b*, vous décrivez un arc de cercle qui vous donnera les lettres *a c*. Des points *a c*, vous tirez une ligne qui se trouvera à 45°, suivant les lignes qui forment l'angle droit.

La figure 15 représente une fausse équerre, dite sauterelle. Elle est composée, comme l'équerre, d'une tige et d'une lame, à l'exception que la tige est ouverte dans le milieu de son épaisseur par une espèce d'enfourchement qui possède la même épaisseur que la lame ; cette épaisseur doit être d'environ le tiers de l'épaisseur de la tige et avoir la même longueur que la lame, toutefois, en observant de couper en pente le bout de cette dernière, ainsi que le fond de l'enfourchement, afin qu'elle ne puisse pas entrer plus avant et qu'elle affleure la tige lorsqu'elle est fermée.

La tige et la lame sont arrêtées ensemble au moyen d'une vis ou d'un clou rivé, de manière, cependant, que cette dernière est mobile et peut s'ouvrir ou se fermer selon qu'il est nécessaire. Cet outil sert à tracer toutes les coupes irrégulières, c'est-à-dire celles qui ne sont ni à angles droits, ni de 45° ou d'onglet, ce qui est la même chose.

La figure 16 est une équerre ordinaire. Vous donnez la longueur et la largeur à volonté et vous tirez une ligne oblique qui va de *a* à *c* et qui, de la sorte, complète l'équerre.

La figure 17 représente une équerre d'onglet. Pour établir une équerre d'onglet, tirez la ligne *a b ;* sur cette ligne, faites une demi-circonférence de la grandeur que vous voulez donner à votre équerre. Du point *c* comme centre, vous élevez une perpendiculaire qui viendra faire le point *d ;* ensuite vous faites une autre circonférence de telle façon que la pointe de vos lames ne soit pas aiguë et vous donne les points 1 et 2 ; du point 2 au point *c* vous ouvrez votre compas et vous décrivez un arc de cercle qui vient faire le point 3 ; vous tirez une ligne du point 3 au point 1 et une autre du point 3 au point 2, ce qui formera l'angle droit ; ensuite de *a* à *d* vous tirez une ligne qui fera la coupe d'onglet ; au point *b*, vous tirez une perpendiculaire et une ligne horizontale au point *d* qui vient rejoindre la verticale *b*. L'équerre d'onglet sera ainsi terminée.

Fig. 18, 19 et 20. — Boîte à dresser les coupes d'équerre, d'onglet et pans coupés.

La figure 18 est la boîte vue debout. L'extérieurde cette boîte sur l'épaisseur et sur la largeur se trouve carrée ; on peut la dresser sur 2 faces (voir les chiffres 1 et 2, fig. 18), le chiffre 1 est pour les pans coupés et 2 pour les onglets. C'est la pièce (lettre *h*) qui fait l'assise de la moulure ; cette assise va et vient à l'aide d'une vis ; elle est prise par une coulisse (voir la lettre *f*, fig. 18) ainsi que la pièce mobile qui serre la moulure (voir lettre *i*, fig. 19). L'écrou de la vis de bois est assemblé dans la semelle et vissé, car il lui faut beaucoup de solidité.

Le morceau qui porte la lettre *e* est pour engager, soit dans la presse de l'établi, ou sous le valet ; il faut que ces boîtes soient faites avec du bois bien sec.

La figure 20 représente la boîte vue de dessus.

SECTION QUATRIÈME

ASSEMBLAGES

(*Planche* 8)

Les assemblages pour les portes se font généralement en enfourchement et le placage se met d'onglet s'il y a lieu. Ce genre d'assemblage est très solide une fois collé. En ébénisterie, l'on fait rarement des épaulements ainsi que des moulures embrévées.

La figure 1 représente l'enfourchement ordinaire.

La figure 2, l'assemblage simple avec épaulement.

La figure 3, l'assemblage simple d'une traverse dans un milieu de montant.

La figure 4 est un assemblage d'onglet. Chaque traverse est pourvue d'une mortaise dans laquelle on rapporte un tenon bâtard en bois blanc. Ce genre d'assemblage est également très solide une fois collé.

La figure 5 représente l'assemblage à tenon et à mortaise. Dans une des traverses, il existe un tenon que l'on prend dans le cadre même et l'autre traverse est pourvue d'une mortaise dans laquelle le tenon vient se loger. Ce travail ne vaut pas le premier parce que le joint n'est jamais aussi fin; il est également plus difficile à exécuter. Dans la figure 4, on dresse l'assemblage à l'aide d'une boîte à recaler et dans la figure 5 un des côtés de la traverse peut également être dressé à l'aide d'une boîte à recaler, mais pour dresser le côté du tenon on est obligé de se servir du guillaume.

La figure 6 est l'assemblage le plus solide. Chacun des morceaux est pourvu d'un tenon et d'une mortaise, et, lorsque les deux tenons sont assemblés, ils se touchent l'un l'autre. Il en résulte un double assemblage qui empêche le cadre de déverser.

La figure 7 est un assemblage en enfourchement d'onglet avec flottage.

La figure 8 représente un assemblage à queue d'aronde.

La figure 9 donne une tête de tiroir vue en perspective avec son côté désassemblé.

Il ne faut pas donner trop de pente aux assemblages en queue d'aronde, car en les assemblant ainsi les pointes sont susceptibles de sauter; il faut ensuite avoir soin de dégraisser légèrement les queues en bout du côté intérieur des tiroirs de façon à ce que les joints soient bien fins une fois au fond, ce qui constitue la beauté dans ce genre d'assemblage.

Les figures 10, 11, 12 et 13 représentent une caisse assemblée à queues et en forme de trémie, comme par exemple, pour jardinière ou vide-poche, etc.

La figure 10 est la partie vue sur sa longueur;
— 11 est la partie vue en bout;
— 12 est le développement des faces les plus longues;
et la figure 13 est le développement d'un des bouts.

Nous avons ici deux sortes de queues : l'une qui se trouve dans la marche du fil du bois et l'autre qui est établie suivant la pente de la caisse (côté *a b*, fig. 10 et 12). Dans les bouts (fig. 11 et 13) les entailles sont faites parallèlement aux rives et les queues épousent les fausses coupes des bouts.

Pour tracer les coupes des quatre parties pleines ou panneaux on commencera par la figure 10, qui est le profil de la longueur, en déterminant la hauteur, la longueur, la largeur, l'inclinaison et l'épaisseur du bois à volonté; on fera ensuite la figure 11 qui donne le profil de la largeur.

Pour tracer la figure 13, qui est le développement d'un bout, on abaissera de la figure 11 la ligne du milieu perpendiculairement à la ligne horizontale; des angles du profil on abaissera des lignes parallèles aux lignes *a b* (fig. 10); ensuite l'on tirera à la distance que l'on voudra la ligne 3 (fig. 11), parallèlement à la ligne horizontale du profil (fig. 13). On prendra les distances du point 4 au point 3 (fig. 10 et 11) que l'on reportera du point 3 au point 4 (fig. 12 et 13). Ensuite on prendra (fig. 10 et 11) la distance sur la ligne oblique du point 1 au point 4 que l'on reportera du point 3 au point 1 (fig. 12 et 13). Puis on prendra (fig. 10 et 11) la distance du point 1 au point 2 que l'on reportera (fig. 12 et 13) du point 1 au point 2. Ensuite on abaissera les lignes correspondantes des points 1 aux points 2 et on les retournera en lignes horizontales.

SECTION CINQUIÈME

ASSEMBLAGES ET COULISSES DE TABLE.

(*Planche* 9)

La figure	1	est la coulisse	ordinaire;
—	2	— une —	désassemblée;
—	3	—	en fer;
—	4	—	en fer désassemblée;
—	5	—	tirée;
—	6	—	à noies;
—	7	—	en bois désassemblée;
—	8	—	à languettes;
—	9	—	désassemblée.

Les conduits des coulisses de la figure 1 sont rapportés et collés (voir *a b*), car ils reçoivent des chocs lorsqu'on les ouvre et lorsqu'on les ferme; les deux conduits s'engagent en même temps et rentrent dans leur élégie ensemble.

Les coulisses en fer sont préférables aux coulisses en bois; elles ne bougent jamais et glissent très bien.

Parmi les coulisses en bois celles qui sont représentées dans la figure 1 sont les meilleures. Celles qui sont représentées dans la figure 6 sont construites d'après le même principe, mais le système est moins bon; il y a trop de frottement et, de plus, les languettes sont susceptibles de se casser. Il en est de même des coulisses (fig. 8 et 9).

La figure 10 représente une tête de tiroir avec assemblage à queue.

La figure 11 est un assemblage à queue recouverte

avec les deux morceaux désassemblés; mais si les champs sont visibles on les met d'onglet sur toute l'épaisseur.

La figure 12 donne la vue du dessus de la queue recouverte.

Cet assemblage est plus difficile à exécuter et demande beaucoup d'attention pour le bien faire. L'arête onglet de ces queues doit être bien nette. Une fois que le bois est travaillé et dressé en bout, on donne un coup de trusquin de l'épaisseur du bois (voir les lignes *a b* du côté intérieur); ensuite pour recouvrir les queues (1 et 2 fig. 12), on prend la distance à volonté et on la rapporte sur la figure 11, numéros 1 et 2. On donne un coup de trusquin à cette distance pour tracer la ligne 1 qui est au fond des assemblages; ensuite on divise les queues et on commence par les entailles pour avoir plus de commodité pour tracer les queues.

La figure 13 est un dessus de table encadré d'onglet avec un bout désassemblé. L'assemblage d'un dessus de table se fait de plusieurs manières (voir les fig. 4, 5, 6, pl. 8).

Les figures 14, 15, 16 et 17 représentent une caisse en forme de trémie pour jardinière et qui ne diffère de celle donnée dans la planche 8 qu'en ce qu'elle n'est pas assemblée à queue.

Pour établir cette trémie on tracera d'abord la figure 14 qui donne le profil de la longueur et ensuite la figure 15 qui donne celui de la largeur.

Pour tracer le développement (fig. 16 et 17), on procédera de la même manière que pour la trémie de la planche précédente.

SECTION SIXIÈME

DES MOULURES EN GÉNÉRAL, DES TABLETTES ET DU COMPAS MOBILE

(*Planche* 10)

Il y a trois espèces de moulures, savoir : les premières, que l'on nomme *droites;* les secondes, *creuses* ou *rondes*, et les troisièmes, *mixtes*. Les moulures droites sont les *plinthes*, les *larmiers*, les *faces*, les *listeaux* grands et petits, les *grains d'orge* et les *filets*. Les creuses ou rondes sont les *tors*, les *quarts-de-rond*, les *astragales*, les *baguettes*, *talons* ou *bouvements*, les *doucines* droites ou renversées, les *cavets* et les *gorges régulières*, etc. Les mixtes sont celles qui sont formées par deux lignes différentes, et qui, par conséquent, participent des deux premiers genres de moulures, telles que sont les *scoties*, les *congés méplats*, les *gorges rompues*, les *becs-de-corbin*, les *boudins* et généralement toutes espèces de moulures d'une forme irrégulière.

On divise encore les moulures en grandes et petites.

Les premières sont les *larmiers*, les *plinthes*, les grands *quarts de ronds*, les *doucines* droites ou renversées, les *tors*, les *scoties* et les grandes *gorges*.

Les secondes sont les *astragales*, les *baguettes*, les *petits talons* ou *bouvements*, les *petites gorges*, les *listels*, les *facettes*, les *filets* ou *carrés*, les *grains d'orge* ou *dégagements*.

Les grandes moulures doivent toujours servir de couronnement et avoir la prééminence dans un profil, les petites servant à les accompagner et à les dégager les unes des autres.

Quoique toutes ces différentes moulures puissent se tracer à l'œil, il est cependant très nécessaire de savoir les tracer géométriquement, afin de s'accoutumer de bonne heure à mettre de l'ordre et de la vraisemblance dans la composition des profils, pour ne pas s'exposer à tomber dans le défaut des architectes Goths, lesquels, en s'éloignant des formes parfaites et régulières que les Grecs et les Romains donnaient à leurs profils et à leurs moulures, en ont inventé d'autres dont le mauvais goût a régné si longtemps en France.

§ 1. — MANIÈRE DE TRACER LES MOULURES GÉOMÉTRIQUEMENT.

On peut tracer les moulures de trois manières différentes :

La première et la plus parfaite, est de leur donner autant de saillie que de hauteur, et de les décrire par des quarts de cercle comme le sont le quart de rond ou le cavet (fig. 1 et 2).

La seconde, en prenant la distance *a b* et en formant une section en *c*, qui formera un triangle équilatéral, du sommet duquel on décrira l'arc de cercle *a b*. (fig. 3 et 4).

La troisième, enfin, en prenant le point de centre à une distance moyenne entre les deux premières (fig. 4 et 5).

Les doucines et les talons se tracent de la manière suivante :

Du point *i* au point *e*, menez la ligne diagonale *i e*, que vous partagerez en deux parties égales au point *f*, par lequel point vous ferez passer la perpendiculaire *g h*; puis, du point *g* et du point *h* comme centres, vous tracerez deux quarts de rond, l'un au-dessus et l'autre au-dessous de la ligne diagonale *ie*, lesquels venant à se rencontrer au point *f*, décriront la doucine ou talon demandés (fig. 6 et 7).

Lorsqu'on voudra que ces moulures soient moins ressenties, on se servira de la même méthode que pour les quarts de ronds, c'est-à-dire que l'on formera des triangles équilatéraux dont les sommets serviront de centres, ou bien une distance moyenne entre le quart de cercle et un triangle équilatéral (fig. 9, 10, 11, 12). Il faut prendre garde que nous supposons à ces moulures autant de saillie que de hauteur.

Quand les doucines sont renversées, on leur donne quelquefois plus de creux que de rond; alors on divise la diagonale en neuf parties égales, desquelles on donne cinq à la partie supérieure, c'est-à-dire cinq au creux, et les quatre autres au rond de la doucine (fig. 13).

Lorsque les moulures auront plus ou moins de saillie que de hauteur, on les diminue de la même manière que nous l'avons dit ci-dessus, en observant que le point de centre n'entre point en dedans de la ligne horizontale si la moulure a moins de saillie que de hauteur, ou en dedans de la ligne perpendiculaire si elle en a plus; c'est pourquoi on prendra toujours la distance du point de centre du plus grand côté (fig. 14, 15, 16 et 17).

Les scoties ou gorges se tracent des deux manières suivantes :

La première en divisant en trois parties égales la hauteur de la scotie, avec deux desquelles parties vous formerez un carré dont l'angle, pris au dehors de la moulure, vous servira de point de centre pour décrire le grand quart de cercle *mn;* de la troisième partie restante, vous ferez la même opération pour décrire le petit quart de cercle *no* (fig. 18).

La seconde en divisant la hauteur de la scotie en

cinq parties égales; deux desquelles servent pour la partie supérieure et les trois autres pour la partie inférieure de la scotie; (le reste comme aux figures 18 et 19).

Il est encore une autre espèce de scotie antique dont Vignole nous a laissé le profil.

Cette scotie ne pourrait être tolérable que pour les ouvrages de meubles surtout quand ils sont exécutés en bronze ou en quelque autre matière dure (fig. 20), par rapport à la cavité qui entre dans le listel.

Les boudins se tracent de la manière suivante :

Après avoir déterminé la hauteur et la largeur du boudin que vous voulez tracer, vous partagerez la ligne *p q* en cinq parties égales : quatre desquelles seront pour le corps du boudin et la cinquième pour le talon, au point du centre duquel vous abaisserez la perpendilaire *s t;* puis du point *u*, et par la seconde division de la ligne *p q*, vous mènerez la ligne *u x*, et à l'endroit où elle coupera la ligne *s t*, ce sera le centre de l'arc *s y*, et le point *z* sera celui de l'arc *y q* (voyez les figures 21 et 22, qui ne diffèrent qu'en ce que les deux moulures ont plus ou moins de renflement, tant dans le corps de la moulure que dans le talon).

Les tors et les baguettes se tracent par un demicercle, ainsi que l'indique la figure 23.

Pour les astragales, elles se tracent ainsi que les gorges ou scoties, excepté que dans celles-ci c'est le convexe qui est le côté apparent de la moulure (fig. 24).

Les moulures droites doivent profiler sur leur carré, c'est-à-dire qu'elles doivent avoir autant de saillie que de hauteur, quoique dans certains cas elles n'aient de saillie que les deux tiers, ou même la moitié; on doit cependant excepter les larmiers, qui doivent avoir plus de saillie que de hauteur, leur usage étant pour mettre à couvert les autres moulures, et pour mettre de l'ordre et du repos dans un profil, en évitant la confusion que produiraient plusieurs moulures rondes ou creuses les unes sur les autres. (Voyez les figures 25, 26, 27, 28, 29, 30, 31 et 32, lesquelles représentent différentes sortes de larmiers, de plinthes, de listeaux, de filets, de grains d'orge, etc.)

§ 2. — DES MOULURES USITÉES DANS L'ÉBÉNISTERIE.

Après avoir donné connaissance des différentes moulures dont nous venons de parler, lesquelles sont relatives à l'architecture en général, il est nécessaire d'entrer dans le détail de celles qui sont en usage dans l'ébénisterie; car, quoiqu'elles soient les mêmes par leur nature, elles ne laissent pas d'être très différentes dans l'exécution, la saillie des moulures ne pouvant pas être la même qu'à celles dont nous venons de parler, les moulures de l'ébénisterie proprement dite, n'ayant de saillie que le tiers, ou tout au plus la moitié de leur largeur, l'épaisseur des bois ne permettant pas d'en donner davantage; de plus, la trop grande saillie des moulures ne servant qu'à rendre l'ébénisterie d'une décoration lourde et pesante, ne pouvant être tolérée que dans les corniches des grands meubles.

On doit prendre garde si les moulures sont taillées d'ornement, parce qu'alors il est nécessaire d'en renforcer toutes les parties, afin que la sculpture paraisse comme appliquée dessus et non comprise dans la masse et aux dépens des moulures.

Les moulures les plus usitées dans l'ébénisterie sont : les *boudins* à baguettes (fig. 33), les bouvements à baguettes ou doucines à baguettes, ce qui est la même chose (fig. 34), les talons renversés à baguettes (fig. 35), les bouvements simples et carrés (fig. 36), les becs-de-corbin (fig. 37), les talons renversés à carrés (fig. 38), les ronds entre deux carrés (fig. 39), les gorges (fig. 40), les gorgets (fig. 41), les congés ou cavets avec carrés ou sans carrés (fig. 42), les listels (fig. 43), les gorges fouillées (fig. 44), les olives (fig. 45), les baguettes (fig. 46), les dégagements ou grain d'orge, ou *tabiscots* (fig. 47), et les carrés ou filets (fig. 48).

§ 3. — DES TABLETTES.

Les tablettes simples pour bibliothèques ou autres meubles doivent être assemblées à languettes et rainures comme on le voit dans la figure 52. On peut également les assembler à plat joint et collées ; ce genre d'assemblage est suffisant et plus économique en même temps que très solide.

Lorsque la rive du devant d'une tablette est apparente, elle doit être ornée d'une moulure comme, par exemple, d'une double baguette ou d'un congé sur les deux arêtes.

Lorsque les tablettes sont susceptibles d'une grande fatigue, l'on doit les assembler à plat-joint avec clefs et collées ; ce genre d'assemblage offre une très grande solidité, ainsi que le démontre la figure 53.

Les tablettes isolées, comme celles pour étagères, doivent être munies d'une emboîture de manière à être plus propre et en même temps plus solide comme l'indique la figure 49. Pour plus de solidité et de propreté encore on doit les encadrer avec assemblages d'onglet, comme le démontre la figure 49.

Les tablettes rondes doivent être également encadrées, comme on le voit dans nos figures 50 et 51.

§ 4. — DE L'ÉQUERRE MOBILE.

L'équerre mobile est un instrument qui sert à découper des ovales et même à y pousser des moulures, supposé qu'on ne le puisse pas faire avec un outil à conduite, comme cela arrive quelquefois ; cette machine a l'avantage de contourner les ovales de la même forme que le tour.

Soit le quart d'ovale *A B C* (fig. 54) (la partie devant être prise pour le tout) dont la longueur des deux axes a été donnée et tracée au compas, à l'ordinaire, ainsi que l'indiquent les lignes ponctuées de la figure, il faut prendre l'excédent du demi-grand axe *A C*, qu'on porte sur le petit de *B* à *D ;* puis, après avoir divisé la distance *C D* en autant de parties qu'on le juge à propos, comme aux points *a, b, c, d, e* et *f*, on prend la distance *C D*, qu'on porte de chacun de ces points sur le grand axe *A C*, qu'ils touchent aux points *g*, *h*, *i*, *l*, *m* et *n ;* puis des points de division du petit axe, et par ceux de ces derniers qui leur sont correspondants, c'est-à-dire qui en sont autant éloignés que le point *C* l'est du point *D*, on mène autant de lignes concourantes à la circonférence de l'ovale, et on donne à chacune de ces lignes, ainsi prolongées, une longueur égale à celle du demi-grand axe, c'est-à-dire qu'on fait les distances *ao, bp, cq, dr, es* et *ft* égales à celles *A C* ou *B D*, ce qui est la même chose, et les distances *g o*, *h p*, *i q*, *l r*, *m s* et *n t* égales à celles *B C ;* ce qui doit être, puisque celles *a g*, *b h*, etc., sont égales à celles *C D;* puis, par les points *A, o, p, q, r, s, t* et *B*, on fait passer une courbe plus aplatie que celle qui est tracée au compas ; cette courbe est celle que décrit le tour ovale, dont le mécanisme est fondé sur cette démonstration, laquelle sert également pour la construction de la croix ou équerre mobile qui produit, par conséquent, les mêmes effets, comme on le verra ci-après.

L'équerre ou croix mobile *E F*, *G H* (fig. 55) est composée de deux pièces de bois assemblées carrément et en entaille l'une dans l'autre; dans le milieu de chaque pièce est creusé un canal refouillé sur les côtés, pour faciliter le passage d'un mentonnet *a b* (fig. 56) et *e f* (fig. 59), qui y est retenu par deux languettes, mais qui a la facilité de couler librement, comme on peut le voir dans la figure 56 qui représente la coupe d'une des branches de la croix et de ce mentonnet, dont le milieu est percé pour faire passage à un tourillon *c*, qui a une tête dans son extrémité inférieure pour l'empêcher de sortir du mentonnet dans lequel il faut qu'il tourne librement; l'extrémité supérieure de ce tourillon est arrêtée à demeure avec une chape de fer ou de cuivre, ainsi que ce dernier (fig. 56 et 57), dans laquelle passe la tringle ou tige *I L* (fig. 55), et côté *M* (fig. 56), et qu'on y fixe par le moyen d'une vis de pression qui n'appuie pas directement sur la tringle de bois, mais sur une lame de fer ou de cuivre attachée sur cette dernière ou qui embrasse seulement la largeur de la chape, aux deux côtés de laquelle elle est relevée, pour qu'elle ne puisse pas s'échapper.

On pourrait se passer de cette chape en faisant, comme dans la figure 58, un tourillon qui passe au travers du mentonnet et de la tringle de bois, qu'on arrêterait avec le tourillon par le moyen d'un écrou à aileron et d'une base réservée ou rapportée au tourillon en dessus du mentonnet. Cette manière d'arrêter la tringle avec le tourillon est plus simple que la première, mais elle oblige à faire une rainure dans la tringle pour laisser passage au tourillon lorsqu'on veut avancer ou reculer la tringle, selon les différents diamètres des ovales.

Le mentonnet *ef* (fig. 59) doit être un peu plus long que large afin que, quand il se trouve à la rencontre des rainures de deux branches, il ne vacille pas et se trouve engagé dans l'une avant de sortir de l'autre.

On doit aussi avoir soin d'en arrondir les bouts, pour qu'ils glissent plus aisément d'une rainure dans l'autre et qu'ils ne heurtent pas contre les angles de la croix. Il faut toujours deux mentonnets semblables pour arrêter la tringle sur la croix, parce que, pour faire cette opération, il faut deux centres de mouvement, comme on va le voir ci-après.

Quand on veut faire usage de cette machine, cela est très facile, car après avoir déterminé les diamètres de l'ovale, comme ceux *NO* et *PQ*, on ajuste la croix au milieu de l'ouverture et de l'ouvrage, où on l'arrête avec des coins, comme dans cette figure, en observant que le milieu des rainures réponde parfaitement avec les axes de l'ovale; puis, l'outil étant placé à l'extrémité de la tringle ou tige *IL* (fig. 55), on fait mouvoir cette dernière jusqu'à ce qu'elle couvre la ligne *NO;* alors le mentonnet *n* se trouve au centre de l'ovale, et on avance ou recule la tige jusqu'à ce que l'outil touche le point *O*. Ce qui, étant fait, on serre la vis du mentonnet *u* pour assujettir la tringle *IL* avec ce dernier, ce qui donne le premier centre de mouvement.

On fait la même chose pour le second, c'est-à-dire qu'on fait mouvoir la règle jusqu'à ce qu'elle couvre la ligne *PQ*, ce qui fait venir le mentonnet *x* au centre de l'ovale; alors on ajuste l'outil avec le point *P*, et on serre la vis du mentonnet *x*, ce qui donne le second centre du mouvement; après quoi on fait usage de l'outil en le faisant mouvoir de droite ou de gauche, ce qui est égal, parce que les mentonnets ne peuvent pas sortir des rainures dans lesquelles ils sont placés, et que, dans tel cas que ce soit, la distance du point *u*, au fer de l'outil, est toujours égale au demi-diamètre du grand axe; la distance du point *x* à ce même fer, égale à la moitié du petit axe; et la distance *u x*, égale à l'excédent du demi-grand axe sur le petit, qui sont les conditions demandées pour tracer un ovale comme celui de la figure 54 et, par conséquent, d'une même courbe que celle qu'on fait sur le tour.

Quant à l'extrémité de la tige *I L*, on peut y placer des scies ou même y ajouter des outils de moulures de la même manière que les maçons y adaptent des calibres. La croix peut être plus ou moins grande, selon les différents besoins, et par conséquent forte à proportion dans toutes ses parties; et quand elle sera d'une certaine grandeur, il sera bon d'y mettre des équerres dans les angles, comme nous l'avons fait ici, afin qu'elle ne puisse faire aucun mouvement.

Pour ce qui est de la construction des mentonnets et des parties qui en dépendent, on pourra y ajouter ou augmenter ce qu'on jugera à propos, pourvu qu'ils remplissent le même objet, c'est-à-dire que le goujon tourne librement dans le mentonnet et que la tige soit arrêtée d'une manière fixe avec le goujon et toujours avec la facilité de la changer de place quand il en sera besoin. Il faut cependant faire attention que le mentonnet doit être de deux pièces sur sa largeur, afin de pouvoir y placer le goujon, qu'on ne pourrait pas y faire entrer autrement, sans rendre sa construction très compliquée; et, pour que le frottement du goujon n'use pas trop vite le bois, il serait bon d'y placer un canon de cuivre, comme nous l'avons indiqué dans la figure 56, lequel pourrait être pareillement de deux pièces et arrêté à demeure avec chaque côté du mentonnet, qu'on rejoint ensuite avec des vis, dont les têtes doivent être noyées dans l'épaisseur du bois, afin qu'elles ne nuisent pas au passage des mentonnets dans les coulisses des branches de la croix.

Quand la pièce ne sera pas évidée, comme celle, figure 55, on attachera la croix mobile dessus ; cela ne changera rien à la manière d'opérer, si ce n'est qu'il faut, dans ce cas, se servir d'une tige *I L*, dont la partie qui porte l'outil retombe davantage en contre-bas pour regagner l'épaisseur de la croix ainsi placée, c'est-à-dire attachée sur l'ouvrage.

CHAPITRE TROISIÈME

DE LA CONNAISSANCE DES BOIS

Le bois fournissant leur matière première à l'ébénisterie, nous croyons être utile à nos lecteurs et rester dans notre cadre en décrivant les différentes sortes employées dans cette branche.

Des Bois propres à l'Ébénisterie

BOIS EXOTIQUES.

Les bois indigènes de France, et, en général, de l'Europe, sont loin d'offrir à l'ébénisterie, et surtout à la marqueterie, les nuances éclatantes et variées que possèdent à un si haut degré les bois des Indes et de l'Amérique méridionale. Aussi, croyons-nous être utile à nos lecteurs en leur donnant la nomenclature de ces derniers bois, leurs couleurs et leurs qualités.

L'*acajou* est un arbre de la famille des *Swietenia;* il croît dans les îles du golfe du Mexique. Son bois est un des plus précieux qu'on connaisse : compact sans être trop dur, il est propre à tous les usages; il pourrait être employé dans la grosse construction aussi bien qu'aux ouvrages les plus délicats, si ce n'était son prix relativement élevé. On l'emploie surtout à l'état de placage.

D'abord jaune roussâtre, l'acajou brunit en vieillissant, surtout lorsqu'il est exposé au soleil, et ses veines ressortent d'autant mieux qu'il est plus vieux. Comme en réalité la beauté de l'acajou consiste surtout dans la variété de ses veines, on conçoit qu'on estime de préférence celui qui est le plus chargé de nœuds et d'accidents. Certains arbres en présentent une grande quantité de petite grandeur, c'est l'*acajou moucheté,* recherché pour les petits meubles. La culasse des arbres offre des espèces d'herborisation provenant de la compression des fibres ; c'est l'*acajou ronceux,* recherché pour le placage des grands panneaux. Mais, il ne faut pas l'oublier, ce n'est que le polissage et le vernis qui font ressortir ces nuances, très peu apparentes jusqu'à ces opérations. Il en résulte que l'acajou en billes est extrêmement difficile à choisir, et que les plus expérimentés peuvent se laisser tromper.

Agaloche. — Bois célèbre en Orient par l'odeur qu'il répand quand il brûle. Il y en a de plusieurs espèces : bois d'aigle, bois d'aloès, bois de calambac. Mais il paraît que ces différentes dénominations ne désignent, au fond, que les diverses parties d'un même arbre ou l'état de l'arbre à des âges différents. Sa couleur est le rouge brun. Celui qu'on tire de Chine est très foncé et se rapproche de l'ébène, c'est le bois d'aigle. Le Brésil et le Mexique en fournissent aussi ; il est brun vert.

L'*amaranthe* est également originaire de l'Orient ; fraîchement scié, il est d'un rouge assez éclatant, mais il change sous l'influence de l'air, devient d'un beau violet brun, qui, avec le temps, passe presqu'au noir. Ce changement est causé par l'évaporation d'une substance blanchâtre et résineuse qui se trouve renfermée dans ses fibres longitudinales, et qui paraît à bois de bout, comme une infinité de petits points blancs qui suivent les couches concentriques de l'arbre. Le bois d'amaranthe est moyennement dur, se travaille très bien. On l'emploie assez communément avec le bois de rose, sur lequel il tranche cependant un peu trop.

Amourette, ou bois de la Chine, est un bois pesant, dur et compact, de couleur jaunâtre, un peu rousse et veiné de brun rougeâtre.

Anis, ou Badiane, est un arbre qui croît en Chine, aux Indes orientales, aux îles Philippines et en Sibérie, d'où on l'apporte en grosses bûches ; ce bois est d'une couleur grisâtre et d'une odeur à peu près semblable à l'anis. Il est peu d'usage en ébénisterie, quoiqu'on se serve d'érable teint en gris.

Brésil. — Ce bois est originaire du Brésil ; il prend différents noms, selon les autres lieux où il croît ; celui qu'on nomme *Brésil de Fernambouc* est le meilleur ; il y a encore le bois de Brésil proprement dit, celui de Lamon, de Sainte-Marthe et le brésillet, qui croît aux Antilles et qui est le moins estimé de tous. L'arbre du Brésil est de deux espèces, savoir : le gros, qu'on nomme *sapan,* et le petit, qu'on nomme *sapanbimas*. Le bois du Brésil n'a pas de moelle, est souvent tortueux et devient fort gros ; mais, comme il a beaucoup d'aubier, il perd la moitié et même les deux tiers de sa grosseur. Pour que ce bois soit bon, il faut qu'il soit compact, dur et très sec, que sa couleur sur le bois de fil lorsqu'il est éclaté, de grise qu'elle paraît, devienne d'un rouge tirant un peu sur le jaune, et qu'il soit d'un goût un peu sucré. Il croît aussi de ce bois aux Indes orientales, comme au Japon, où il a de la moelle ; au royaume de Siam, sur la côte de Malabar, et dans les deux presqu'îles du Gange, ce bois ne pouvant croître ailleurs que dans la zone torride. Le sapan des Indes, dont il est ici question, est d'un genre différent de celui de l'Amérique, mais il sert également à l'ébénisterie et à la teinture.

Canelle, qu'on nomme improprement *Sassafras.* C'est un arbre qui ne croît qu'à l'île de Ceylan, et qui ne vient qu'à huit mètres de hauteur; son bois est de fil dur, blanc, et n'a point d'odeur ; il y a dans les vieux troncs de ces arbres des nœuds ou loupes propres à l'ébénisterie.

Il croît dans la Floride, en Amérique, un assez bel arbre qu'on nomme *pavane* ou *bois de canelle,* à cause de sa bonne odeur ; on prétend que c'est la même chose que le *Sassafras.*

Il y a encore une espèce de bois jaunâtre tirant sur le brun, nommé *Carabaccium,* dont l'odeur sent le clou de girofle, lequel pourrait bien être le même que le pavane d'Amérique.

Cayenne. — Il y a deux sortes de bois de Cayenne : l'un, veiné de jaune et rougeâtre, dont le grain est fin et serré ; l'autre, d'un brun rouge veiné et grisâtre sur les bords ; l'une et l'autre de ces deux espèces de bois est semée de petites cavités, remplies d'une espèce de gomme ou résine qui s'évapore à l'air, laquelle gomme suit les fibres longitudinales du bois et paraît à bois de bout contenue dans une infinité de petits tuyaux semés irrégulièrement, ce qui n'empêche pas que ce bois ne se polisse très bien.

Cèdre : c'est un des plus beaux et des plus grands arbres du monde : les plus grands croissaient jadis sur le mont Liban, où il y en avait de 30 à 40 mètres de hauteur ; il n'en croît plus à présent qu'aux environs de Biblos et de Tripoli de Syrie ; il en croît aussi beaucoup dans l'Amérique, dans les îles de Chypre et de Candie, mais ils sont moins beaux que ceux de l'Asie mineure. Il croît encore des cèdres en Sibérie, mais ce sont les moins beaux de tous et ils n'ont point d'odeur.

Le bois de cèdre est de deux espèces, savoir le rouge et le blanc : le rouge, qui est le plus beau, est un bois plein, moyennement ferme, d'une couleur rougeâtre tirant sur le jaune, et dont les séparations des couches concentriques sont d'un rouge brun tirant sur le violet, de sorte que ce bois refendu suivant un de ses rayons paraît rayé à peu près comme le beau bois de sapin, et est d'une très bonne odeur, à peu près semblable à celle du musc.

Le *cèdre blanc* n'est point rayé comme le rouge; il est d'une couleur plutôt rousse que blanche et est plus mou et plus léger que le rouge et a à peu près la même odeur. En général, le cèdre, quoique très tendre, prend assez bien le poli et passe pour être incorruptible, ce qui le faisait estimer des Romains qui en faisaient beaucoup d'usage pour leurs meubles. Sénèque, le chantre de la pauvreté, avait 500 tables de bois de cèdre, toutes pareilles, portées sur des pieds d'ivoire.

Charme d'Amérique, autrement nommé charme-houblon, dur, brun, nommé au Canada bois d'or.

Chine, *Bourra-Courra*, ou *serpentin*, ou *lignum sinense ;* en hollandais, *letterhout* ou *bois de lettres*, à cause qu'on l'apporte marqué de lettres ou de marques qui forment les taches dont il est couvert. Ce bois est dur, lourd et extrêmement compact, prenant bien le poli; d'une couleur rouge brun, marqué de petites taches brunes ou plutôt noirâtres, qui partent du centre de l'arbre, suivant la direction des rayons. Ce bois est résineux et d'un grain très fin et, quoique très dur, il se fend aisément sur le bois de fil, ce qui le rend assez difficile à travailler ; de plus, sa couleur noircit en vieillissant. Quoique ce bois soit nommé en France *bois de la Chine*, il est fort douteux qu'il en vienne de ce pays ; au contraire, on est sûr qu'il croît dans la Guyane hollandaise.

Citron, arbre ainsi nommé à cause de son odeur et de sa couleur; il croît dans les îles de l'Amérique, et sur le bord de la mer. Les Américains le nomment *bois de chandelle,* parce qu'ils s'en servent pour s'éclairer la nuit. Son bois résineux est lourd, compact, d'une odeur forte tirant sur celle du citron; son grain est serré: il est extrêmement de fil, et prend bien le poli. On l'apporte par troncs pesant environ 500 kilos; c'est à quoi on peut le distinguer du Santal Citrin, auquel il ressemble, mais dont les bûches ne pèsent que 50 kilos; d'ailleurs le citrin est moins lourd que le bois de citron, d'une odeur plus douce et plus agréable, et de meilleur goût que le dernier, qu'on nomme le *bois de coco et de jasmin.* On croit que c'est le même que le bois de rose de la Guyane.

Citronnier. Cet arbre est peu gros; son bois est blanc et sans odeur: il est originaire d'Asie, d'où il fut apporté dans la Grèce, et de là en Italie. Il croît maintenant en Espagne, en Portugal, dans le Piémont et dans la Provence. Le bois de citronnier était très rare et très estimé à Rome sur la fin de la République. Cicéron en avait une table qui avait coûté 6,000 francs; et Asinius Pollio, une de 30,000 francs: Pline dit qu'il fallait être un très grand seigneur pour faire usage de ce bois, dont la beauté consistait dans la diversité des ondes et des nœuds des racines. Ce bois n'est plus d'usage à présent.

Copaïba, arbre d'où découle le baume de Copahu. Son bois est d'un rouge foncé, parsemé de taches rouge vif, d'une dureté à peu près égale au chêne, et sert à la teinture. On doute si ce bois n'est pas le même que le Fernambouc, dont il a l'odeur. Le copaïba croît dans les forêts du Brésil, et aux Antilles.

Corail. Cet arbre croît aux îles du Vent, en Amérique. Son bois est d'une couleur rouge pâle, rayé de veines d'un rouge de corail mêlé de brun suivant les couches concentriques de l'arbre. Ce bois est moyennement lourd, et fort poreux; il a les fibres très ouvertes et remplies d'une gomme qui est plus ou moins foncée, selon les veines où elle se trouve. Il a le défaut d'être très difficile à travailler, parce que toutes ces couches concentriques ont une inclinaison différente, ce qui produit des rebours qui sont inévitables. Ce bois, jaune d'abord, ne rougit que par suite de son exposition à l'air. On vend quelquefois ce bois pour du santal rouge; mais ce dernier est bien plus compact que le bois de corail, et est d'un rouge beaucoup plus foncé.

Cyprès, arbre d'une moyenne grosseur. Il est originaire des montagnes de Candie et des îles de l'Archipel. Son bois est compact, solide et de couleur jaunâtre; lorsqu'il est coupé à bois de bout, ses couches concentriques se distinguent aussi aisément qu'au sapin : il n'est pas lourd, et n'est pas sujet à se pourrir ni à se gercer; les vers ne s'y mettent jamais; il est presque d'une aussi bonne odeur que le bois de cèdre, et prend très bien le poli. Presque tous les auteurs anciens s'accordent à regarder ce bois comme incorruptible; ce qu'il y a de certain, c'est que les portes de l'ancienne église de Saint-Pierre de Rome, construites du temps de l'empereur Constantin, et qui étaient faites de ce bois, ont duré près de 1200 ans. Il y a une autre espèce de cyprès de l'Amérique, qu'on nomme *cèdre blanc*, lequel n'est pas connu en France.

Ébène. L'arbre d'ébène est peu connu; son bois est très dur et pesant, cependant moins que le bois de fer. Il y a quatre sortes d'ébènes; savoir : la noire, la rouge, la verte et la blanche.

L'ébène noire, qui est la plus commune, provient du Plaqueminier, arbre originaire de Madagascar et du sud-est de l'Afrique. La plus belle ébène noire vient de l'île Maurice, dont elle a pris le nom. Pour que l'ébène soit bonne, il faut qu'elle soit sans nœuds, d'un fil très serré, et d'une couleur luisante; et qu'en la travaillant, le copeau s'enlève bien sans se rompre, comme il arrive quelquefois à une espèce d'ébène qu'on dirait être du bois brûlé, et dont les copeaux sont comme de la sciure. L'ébène a le défaut d'être quelquefois tachée de veines roussâtres, surtout celle de l'île Maurice, ce qui en diminue la valeur, puisque la beauté de ce bois consiste dans sa couleur parfaitement noire et luisante.

En général, l'ébène est un des plus beaux bois qu'on puisse employer en ébénisterie, tant par rapport à sa qualité pleine et compacte, qui le rend facile à travailler, que par sa belle couleur noire, qui augmente encore avec le poli que ce bois prend parfaitement bien; aussi était-ce presque le seul qu'on employait autrefois en ébénisterie, à laquelle il a, d'ailleurs, donné son nom. Mais depuis que les autres bois de couleur sont devenus plus communs, on a fait moins d'usage de l'ébène, et on ne s'en sert presque plus à présent.

Il y a de l'ébène noire et blanche, qu'on nomme *ébénoxille* ou *ébène de Portugal*, qui est peu en usage.

L'*ébène rouge,* autrement dite *grenadille*, croît à Madagascar : elle est un peu moins compacte et moins lourde que la noire. Elle n'est pas précisément d'une couleur rouge, mais au contraire d'un brun rayé noir, en suivant les couches concentriques, qui, à peu de chose près, sont alternativement de ces deux couleurs. Ce bois est entouré d'un aubier jaune, qui est presque aussi dur que le bon bois.

L'*ébène verte* est beaucoup moins dure que les deux premières espèces : il en croît à Madagascar, à l'île Saint-Maurice, à Tabago et aux Antilles : sa couleur est d'un brun tirant sur l'olive, et toutes les fibres longitudinales de ce bois sont remplies d'une cendre ou poussière verte et brillante, laquelle n'est (du moins à ce que l'on croit) autre chose que de la sève condensée, laquelle paraît, à bois de bout, comme une infinité de petits points verts semés entre les couches concentriques, dont ils suivent les contours. Cette cendre est la partie de ce bois qui sert à la teinture, et qui, lorsqu'elle est évaporée, fait perdre au bois sa couleur verte, qui, alors, devient brune en vieillissant. Ce bois a le défaut d'avoir les fils entrelacés, ce qui y produit des rebours lorsqu'on le travaille sur la maille. Il y a une autre espèce d'ébène nommée *Cytise* ou *ébénier des Alpes*, dont le grain est fin et serré ; sa couleur est d'un jaune pâle nuancé de vert ; c'est un arbre de moyenne grosseur, et qui doit plutôt être rangé dans la classe des bois de France, que dans ceux des Indes, auxquels il ne ressemble que médiocrement. Il y a encore l'*ébène verte* de la Guyane française qui, très dure et très difficile à travailler, ne se finit bien qu'au racloir. Ce genre d'ébène une fois travaillé donne des reflets rosés.

Tous les échantillons en sont déposés au Palais de l'Industrie.

Épi de blé. On n'a pu savoir au juste le vrai nom de ce bois ; on soupçonne cependant que ce pourrait être le bois de rose de la Chine, nommé *Testant*, vu que les descriptions qu'en font les différents auteurs, conviennent très bien à l'épi de blé, dont le bois moyennement dur, est très poreux. Le fond de ce bois ou, pour mieux dire, ses rayures prédominantes, sont d'un noir rougeâtre, entremêlées d'autres raies couleur de chair, dans lesquelles il se trouve de petites cavités remplies d'une poussière ou gomme de la même couleur, et qui paraissent à bois de bout, ainsi que les fibres qui les renferment, comme des points ronds un peu allongés, disposés sur un fond brun, de manière qu'on sent (quoique assez difficilement) la forme des couches concentriques. Le bois de bout de l'épi de blé ne peut être mieux comparé qu'à du jonc; et il n'y a point, ou du moins peu de différence à ses rayures considérées verticalement, soit qu'il soit coupé sur la maille ou parallèlement aux couches concentriques; en quoi ce bois diffère de tous les autres, qui, lorsqu'ils sont rayés à bois de bout, le sont sur le bois de fil refendu sur la maille (c'est-à-dire, suivant les rayons de l'arbre), et veiné lorsqu'ils sont refendus parallèlement aux couches concentriques. Comme l'épi de blé a les pores très ouverts, et que ses rayures sont d'une densité inégale, il est un peu difficile à polir.

Féréol ou *Feroles*. Ce bois croît à Cayenne et aux Antilles, porte le nom de celui qui l'a découvert; il se nomme aussi *bois marbré :* le fond de ce bois est blanc, veiné ou tacheté de rouge. Il est châtoyant comme le satin. Il y a une variété dont le grain est très fin, et dont le fond est de couleur jaune foncé, avec des raies étroites de couleur brune, tirant sur le violet; c'est peut-être une nuance dans l'espèce: au reste, ce bois est beau, et se travaille très bien.

Le *bois de fer* est un arbre qui croît dans les îles de l'Amérique de la grosseur d'un homme par le tronc; son bois est extrêmement dur, d'une couleur fauve, brune, tirant sur le noir, surtout au cœur du bois, qui est extraordinairement dur, et où cependant les couches concentriques se distinguent fort aisément, quoique son grain soit, pour le moins, aussi serré qu'à l'ébène noire : la couleur de ce bois est généralement triste, et on ne peut guère l'employer en marqueterie que pour représenter des terrasses, ou d'autres objets auxquels sa couleur soit convenable.

Gaïac ou *bois-saint*, croît en Amérique, aux Antilles; son bois est solide, compact et résineux, d'une couleur verte, et rayé suivant les couches concentriques, qui sont alternativement vertes, pâles ou jaunes, et noires, foncées de plus en plus, à mesure qu'elles approchent du centre : il ne peut se fendre que parallèlement aux couches concentriques, qui quelquefois se séparent d'elles-mêmes ; et les fibres ligneuses de ces dernières, sont tellement mêlées entre elles, qu'on ne peut les séparer qu'avec la scie. Lorsqu'on travaille ce bois, il rend une odeur forte, qui n'est cependant pas désagréable. Les bûches de ce bois qu'on apporte en France, pèsent jusqu'à 500 kilos ; et leur coupe transversale n'est point ronde comme à la plupart des autres arbres, mais elle est allongée en forme de poire.

Il y a encore d'autres espèces de gaïac, un peu différentes de celui-ci, entre autres une qui est aussi dure, mais dont la couleur est jaune, à peu près comme le buis, et quelquefois veiné de vert ou de noir : cette dernière espèce de gaïac est plus propre à l'ébénisterie que la première, parce que son bois, quoique très dur, est plus facile à travailler. On en fait d'excellents manches d'outils, des poulies et des roulettes de meubles.

Gommier blanc. Cet arbre croît à la Guadeloupe ; son bois est blanc, veiné de gris, tirant quelquefois sur le noir. Il est parfois dur et difficile à travailler, ou bien tendre et poreux, quoique d'un grain fin et serré.

Inde ou *laurier aromatique*, appelé communément *bois de campêche ;* c'est le cœur d'un très gros arbre qui croît en Amérique, dans la baie de Campêche, d'où il tire son nom ; aux îles de la Jamaïque, de Sainte-Croix, de la Martinique et de la Grenade. Ce bois est si lourd, qu'il ne surnage pas sur l'eau ; il est compact et d'un grain assez fin ; ses fils s'entremêlent les uns dans les autres, ce qui le rend un peu difficile à travailler, mais n'empêche cependant pas qu'il ne prenne très bien le poli : la couleur de ce bois est d'un rouge brillant, et même comme transparent, ou pour mieux dire, glacé d'un jaune foncé ; cette couleur change avec le temps, ou quand ce bois a été trop longtemps dans l'eau; alors il devient brun, et quelquefois d'un gris noirâtre, ce qui a trompé plusieurs de ceux qui en ont fait la description, les uns lui ayant donné une couleur rouge, et les autres une brune ou bien une violette. Ce bois a une odeur un peu forte, sans cependant être désagréable, et il sert à la teinture en noir et en violet. Le bois d'inde ou de campêche est le même que le laurier aromatique ou le poivrier de la Jamaïque, ou arbre qui porte la graine des quatre épices. Le véritable bois de campêche se connaît par sa coupe, qui est faite à coups de hache par les Espagnols qui en font un très gros commerce : il y a du bois de campêche qui est d'un fond brun, tacheté de noir à distance à peu près égale; mais il est très rare à présent.

Jacaranda, gros arbre qui croît aux Indes orientales; il y en a de deux espèces, l'une blanche et l'autre noire, et toutes marbrées et fort dures; mais il n'y a que le noir qui soit odorant.

Jaune. L'arbre qui produit ce bois devient très gros; il croît aux Antilles et à l'île de Tabago; on le nomme aussi *Fustoc* et *Clairembourg;* il est plein, sans être absolument dur ni pesant; il se travaille et se polit bien, quoiqu'il ne laisse pas d'être poreux; sa couleur est d'un beau jaune foncé, qui approche de celle de l'or; on appelle aussi ce bois *satiné rouge*. Il croît dans l'Amérique septentrionale, un gros et grand arbre qu'on nomme *Tulipier*, qu'on croit être le même que le bois jaune.

Œil de perdrix ou *bois de perdrix*. Il est originaire de la Martinique et de quelques Antilles, c'est peut-être une espèce de bois de fer, qui croît en Chine, et qui est si dur, qu'on s'en sert pour faire des ancres de vaisseaux. Le bois de perdrix est très dur et très lourd; sa couleur est plus obscure que celle du bois de fer; et, quoique très compact, on aperçoit le long de ses fibres longitudinales, des pores très fins remplis d'une gomme blanchâtre, qui ne paraît à bois de bout que comme de petits points blancs, presque imperceptibles : son usage est à peu près le même que celui du bois de fer.

Noyer de la Guadeloupe ou *fablier*, dur, pesant, jaune tendre, prenant avec le temps des teintes de plus en plus foncées, se travaille bien et prend un beau poli.

Olivier. Cet arbre est originaire de Syrie, et croît au midi de l'Europe; il est dur, ou pour mieux dire, ferme, résineux et en général peu solide et tortueux; sa couleur est jaunâtre, rayée de brun en suivant les couches concentriques, ce qui fait qu'il est ondé ou veiné sur ses faces verticales, selon qu'il a été débité sur les couches ou sur la maille. Quoi qu'il en soit, ce bois est plus beau employé à bois de bout qu'autrement; ses loupes ou excroissances sont aussi fort recherchées par la variété des figures qu'elles représentent. Ce bois a le défaut de se rouler, c'est-à-dire que les couches annulaires ou concentriques se détachent les unes des autres, ce qui fait qu'on ne peut souvent l'employer qu'en petites parties.

Oranger. Arbre de moyenne grosseur, son bois est assez compact, de couleur jaune, et blanc vers le cœur.

Plane ou *platane*, arbre qui vient de l'Asie et de l'Amérique septentrionale; son bois est blanc, assez compact, liant, d'un tissu serré; il ressemble assez au bois de hêtre; il tient le milieu entre ce dernier et l'érable, dans l'espèce duquel il peut être compris : il peut s'employer en ébénisterie dans sa couleur naturelle, mais encore teint en diverses couleurs.

Rose. On connaît à présent deux espèces de bois de rose; originaires toutes deux des Antilles.

La première espèce vient de la grosseur de la cuisse d'un homme; son écorce est rude et brune, et garnie d'épines; son bois est solide, blanc, a beaucoup de moelle, et est d'une odeur pénétrante.

La seconde espèce de bois de rose et la plus commune, est celle qu'on connaît sous le nom de bois de *rose* ou *bois marbré*. Cet arbre vient haut et droit; son bois est ferme, sans être dur; sa couleur est celle de feuille morte, ou, pour mieux dire, elle est mêlée de jaune et de roussâtre, et d'un rouge violet, disposé par tranches à peu près égales, lesquelles suivent les couches concentriques de l'arbre, de sorte qu'en refendant ce bois sur différents sens, il est rayé, veiné, ou même marbré pour peu qu'il se trouve quelque sinuosité dans son fil, ce qui lui a fait donner le nom de *bois marbré;* aussi est-ce un des plus beaux bois qui nous viennent des Indes, et un de ceux dont on fait le plus d'usage. Ce bois est sujet à être carié dans le cœur, et perd avec le temps le vif de sa couleur rouge qui devient pâle, et cela par l'évaporation de la substance résineuse qui est plus abondante dans les veines rouges que dans les jaunes, ce qui est le contraire du bois violet, qui noircit à l'air, parce que la substance résineuse est plus abondante dans les couches claires que dans les brunes : cette observation est presque générale pour tous les bois résineux, dont les couleurs sont vives, et qui ont les pores ouverts. Le bois de rose sent, lorsqu'on le travaille, une petite odeur de rose, et ses nœuds ne sont point préjudiciables à la bonté de l'ouvrage; au contraire, lorsqu'ils sont employés avec goût, ils en augmentent la beauté.

Rouge ou *bois de sang*. C'est un arbre qui croît en Amérique, près du golfe de Nicaragua; son bois est dur et d'un très beau rouge, et sert en teinture.

Santal ou *sandal :* il y a trois espèces de santal; savoir, le citrin, le blanc et le rouge. Le jaune ou *citrin* croît en Chine, au royaume de Siam, et aux îles de Solor et de Timor, de la hauteur du noyer; son bois est moyennement dur et pesant; ses fibres sont droites, d'une couleur rousse pâle ou jaunâtre, tirant sur le citron; son goût est aromatique, un peu amer, qui remplit la bouche sans être désagréable; il rend une odeur qui approche de celle du musc et de la rose.

Le *santal blanc* croît dans les mêmes pays, et est en tout semblable au santal citrin, dont il ne diffère que par la couleur; on croit même que c'est le même arbre dont le cœur est jaune, et les extrémités blanches. L'arbre de santal est aussi nommé *sarcanda*.

Le *santal rouge*, aussi nommé *pantagna*, sur les côtes du golfe du Bengale; son bois est compact et lourd; ses fils sont tantôt droits, tantôt ondés. On apporte ce bois séparé de son écorce et de l'extrémité ligneuse (c'est-à-dire de sa partie extérieure), et alors il est à l'extérieur d'un rouge brun, presque noir, et à l'intérieur, d'un rouge foncé, mêlé d'un peu de jaune. Ce bois n'a pas d'odeur, et on dit que celui de Caliatour est la même chose que celui-ci.

Satiné. Cet arbre croît aux îles Antilles; son bois est plein, dur, résineux et très poreux; ses fibres ligneuses sont remplies d'une cendre ou gomme brillante, qui paraît comme de petits points à bois de bout. Le bois satiné est plutôt nuancé ou ondé, que rayé; il y en a de plusieurs couleurs, de fond rouge veiné de jaune, de rouge foncé, mêlé de gris olive; de quelque couleur que ce soit, ce bois a toujours l'air transparent, ce qui en fait la principale beauté : comme ce bois n'est pas régulièrement veiné à bois de bout, on peut le faire paraître rayé, en le refendant sur la maille, comme au contraire il paraît ondé ou même flambé en le refendant sur les couches concentriques. Ce bois se polit bien, et est fort d'usage à présent.

Thuya. Originaire du nord de l'Afrique. Les couches donnent un placage dont le fond est jaune avec des taches d'un marron plus ou moins foncé. Il est très employé aujourd'hui pour le petit meuble.

Le *Palissandre* ou *Palixandre*, vient des Indes occidentales en grosses bûches de 2 à 3 mètres de long, sur 30 à 40 centimètres de diamètre. Sa couleur est d'un gris foncé, plutôt brun que violet, semé de quelques veines d'un blanc roux, toujours disposées suivant les couches concentriques; celui qui a davantage de ces veines, est le plus recherché; mais en général, la couleur de ce bois est triste et désagréable. Le bois de palissandre rend une très bonne odeur, plus forte que celle du bois de violette, et plus il est échauffé, plus il sent bon, ce qui est très naturel, parce que ce bois étant très résineux, la gomme odorante dont ses pores sont remplis, s'évapore plus aisément par l'action du frottement.

Le *violet* n'est qu'une variété du palissandre d'une couleur violette plus accentuée.

Le bois de palissandre est aussi nommé *bois de Sainte-Lucie;* on ne sait si c'est parce qu'il croît de ce bois à l'île de Sainte-Lucie ou Sainte-Alouzie, l'une des îles Antilles, ou bien si c'est parce que l'odeur du bois de palissandre est à peu près semblable à celle du bois de Sainte-Lucie, proprement dit, arbre qui croît en Lorraine, et qui est du genre du cerisier.

Il ne faut pas perdre de vue que relativement aux bois d'ébénisterie on n'en est pas encore arrivé à une classification inattaquable. En effet, les mêmes arbres diffèrent d'aspect quelquefois dans leurs différentes parties, ce qui a sûrement fait donner plusieurs noms à des bois qui peut-être viennent d'une même espèce d'arbre. Il faut aussi faire attention que les bois changent de couleur, non seulement en vieillissant, mais encore en les travaillant, et que le poli les brunit beaucoup, du moins pour la plupart : c'est pourquoi, avant de mettre en œuvre les bois dont on veut assortir la couleur, soit entre eux, soit à une couleur donnée, il faut en travailler et brunir des échantillons, afin de ne point être trompé sur leurs véritables couleurs, du moins sur celle qui doit leur rester.

Bois de France propres à l'Ébénisterie.

Quoique les bois de France soient en général moins brillants que les bois étrangers et conviennent par suite moins aux travaux d'ébénisterie, il n'en est pas moins vrai qu'ils sont appelés dans plus d'un cas à rendre de sérieux services, ne fût-ce que par leur prix moins élevé. Nous allons donc donner à chacun d'eux une mention, comme nous l'avons fait pour les bois exotiques.

Alizier. Cet arbre est de moyenne grandeur, son bois est dur et plein, son grain fin et serré. Sa couleur est blanche, quelquefois rousse, et presque toujours noirâtre vers le cœur. Ce bois est très propre à prendre la teinture, et ne produit aucune nuance, quoique les couches concentriques paraissent à bois de bout. L'azérolier est semblable à l'alizier, et on peut s'en servir également.

Aulne, arbre aquatique, très grand; son bois est léger et un peu mou; le grain en est fin; il est de couleur rousse plutôt que rougeâtre; il prend bien la teinture mais il ne se polit pas bien, parce qu'il est trop tendre.

Buis, arbrisseau de la moyenne grandeur. Il y a deux sortes de buis, savoir celui de France et celui d'Espagne. Le buis de France est lourd, dur, compact, d'un grain fin et serré et de couleur jaune; il se polit très bien.

Le buis d'Espagne est à peu près semblable à celui de France, excepté qu'il est un peu moins dur et de couleur moins foncée; de plus, les couches concentriques du buis d'Espagne sont assez apparentes pour y former des rayures ou des ondes sur le bois de fil.

Les nœuds, ou loupes, et les racines du buis de Provence sont très recherchés et se travaillent très bien, parce qu'ils ne sont pas sujets à se fendre.

Cerisier, arbre fruitier, originaire d'Asie, d'où il fut apporté en Europe par Lucullus au retour de la guerre contre Mithridate, vers 130 avant J.-C. Le bois de cerisier est moyennement dur, assez plein, quoiqu'il ait le grain un peu gros et que ses couches concentriques soient fort apparentes. Sa couleur est le gris rougeâtre, plus foncé au cœur qu'aux extrémités. Ce bois se travaille bien et prend aisément le poli. On l'emploie communément en ébénisterie pour faire de petits ouvrages de bois plein, et quelquefois on ne fait que le plaquer comme les bois des Indes.

Charme est un arbre forestier de la moyenne grandeur; l'on s'en sert spécialement pour l'outillage et les engrenages de moulins. Son bois est fort liant et difficile à travailler : il se fend très malaisément, parce que ses fils sont entrelacés les uns dans les autres. La couleur de ce bois est blanche. On ne fait pas grand usage de ce bois, parce qu'il est sujet à pourriture, qu'il se travaille difficilement et qu'il est sujet à se tourmenter; c'est pourquoi on lui préfère le bois de houx.

Cormier, arbre fruitier de moyenne grandeur, et très bon pour l'outillage ainsi que pour les engrenages de moulins. Son bois est, après le buis, le plus dur et le plus plein des bois de France. Il y a deux sortes de cormiers pour la couleur, l'un qui est d'un blanc roux et l'autre qui est rougeâtre, et qui est le plus estimé. En général, le bois de cormier est très plein; ses fils son fins, mais courts et peu liés les uns avec les autres, ce qui fait qu'il se fend aisément, quoique d'ailleurs il se travaille assez facilement et qu'il prenne bien le poli. Quoique ce bois soit fort dur, ses couches concentriques se distinguent facilement à bois de bout, et même à bois de fil sur la maille. Le bois de cormier a le défaut de se tourmenter, et il est sujet à être piqué des vers quand il devient vieux. La couleur du cormier augmente en vieillissant, et il devient presque brun lorsqu'il est poli à l'huile.

Cytise ou *ébénier des Alpes*, arbre de la moyenne grandeur. Le bois de cet arbre a beaucoup d'aubier, sous lequel se trouve le bon bois, qui est plein et très liant.

Épine-vinette, arbrisseau dont le bois est plein, de couleur jaune, et qui se travaille aisément. Son peu de grosseur fait qu'on ne peut l'employer qu'à de petits ouvrages et en placage, ou par incrustation; il sert aussi en teinture.

Érable, arbre de la moyenne grandeur. Son bois est assez plein, quoique léger, sonore et brillant; il approche de la qualité du bois de hêtre et a le mérite de ne pas se tourmenter. La couleur de l'érable est le blanc un peu roussâtre. Ce bois est quelquefois veiné et ondé, c'est-à-dire que ses fibres ligneuses, au lieu d'être droites, s'élèvent en serpentant, ce qui produit des ondes d'une très grande beauté, qui ne sont apparentes que sur la maille et qui sont plus ou moins grandes selon que les fibres ont de mouvement. Les loupes et les nœuds de ce bois sont aussi très recherchés, par rapport aux figures qu'ils représentent, et ils se polissent très bien. Il y a beaucoup de différentes espèces d'érable, dont les principales sont l'*érable plane* ou le *platane*, qui vient d'Amérique, l'*érable* proprement dit et l'*érable sycomore*, qui est le moins estimé de tous, parce qu'il est moins plein, d'une couleur blanche et rarement ondé, ce qui l'a fait mettre dans la classe des bois blancs. Ce dernier est très bon pour les manches d'outils.

Faux accacia. Cet arbre, originaire d'Amérique, est tortueux et épineux; sa couleur est brillante et rayée alternativement de jaune verdâtre et de brun, tirant même sur le vert, en suivant la direction des couches concentriques. Ce bois est dur; cependant il ne se polit pas bien, parce que ses fibres sont un peu entrelacées, de sorte qu'il s'en trouve toujours à bois de rebours, ce qui produit une espèce de duvet ou de poil (ainsi que disent les ouvriers), difficile à ôter parfaitement; il a aussi le défaut de se pourrir à l'humidité.

Frêne, grand arbre dont le bois est assez plein et liant; sa couleur est blanche et rayée de jaune à la séparation des couches concentriques. Il est sujet aux vers, et on en fait peu d'usage en ébénisterie; cependant on pourrait, à cause de sa couleur et de ses petites rayures, l'employer avec avantage dans les petites parties. On l'emploie spécialement pour les brancards de voitures, que l'on cintre facilement au feu.

Fusain, arbrisseau dont le bois est dur et plein, de couleur jaune pâle. On peut l'employer en ébénisterie, surtout quand il est bien sec et de fil.

Houx, grand arbrisseau. Son bois est dur, liant et d'un grain fin et serré, de couleur blanche, quelquefois brune vers le centre. Ce bois est fort en usage en ébénisterie, parce qu'il prend bien la teinture et que, comme il est d'un grain fin et liant, on peut le découper en aussi petites parties qu'on le juge à propos. Il sert aussi à faire des filets.

If. Cet arbre est de moyenne grandeur; cependant on en voit de 7 mètres de diamètre; son bois est ordinairement tortueux, très dur et liant, d'une belle couleur rouge mêlée de jaune et de brun. Quoique ce bois soit très plein, ses couches concentriques se distinguent aisément et sont ordinairement marquées par un petit filet plus foncé que la couleur du bois, qui vient en se fondant jusqu'à la couche la plus prochaine, et cela du côté du centre de l'arbre, ce qui y produit de belles nuances à bois de fil. Le bois d'if est, de tous les bois de France, celui qui, par sa couleur et sa dureté, approche le plus des bois des Indes. On peut lui donner une couleur pourpre violet en le réduisant en feuilles, qu'on fait macérer plusieurs mois dans l'eau. On en fait cependant peu d'usage en ébénisterie, je ne sais pour quelle raison.

Merisier, espèce de cerisier sauvage, grand arbre fruitier, dont le bois est ferme et plein, et d'un grain assez fin. Sa couleur est roussâtre, rayée de veines jaunes très fines. Ce bois, lorsqu'il est bon, se polit bien, et on en fait le même usage que du cerisier.

Mûrier, arbre de deux espèces, le noir et le blanc. Le bois du mûrier noir d'Europe est blanc sur les rives et jaune dans le cœur, qui noircit en vieillissant. Le bois du mûrier noir d'Europe est plus solide que celui du mûrier blanc d'Asie : il est d'une longue durée, il résiste à l'eau ; de plus, il n'est point sujet à la vermine, et on prétend qu'il chasse les punaises ; on ferait très bien de l'employer à faire des bois de lits. Ce bois est peu d'usage en ébénisterie ; cependant au défaut d'autres de sa couleur, on pourrait très bien l'employer.

Noyer, arbre fruitier. Nous avons déjà parlé plus haut du noyer, qui est certainement un des bois les plus beaux qu'on puisse employer en ébénisterie, tant à bois de fil qu'en loupes, qu'on nomme communément *loupes* ou *racines de Grenoble*. Outre le noyer de France, dont le plus beau vient du Dauphiné et de l'Auvergne, il y a encore le noyer noir de Virginie, qu'on cultive maintenant en Bourgogne, qui est noirâtre et veiné, mais qui a le défaut d'être poreux et cassant ; le noyer blanc de Virginie, petit arbre dont le bois est liant, compact, fort dur et de couleur blanche, et le noyer de la Louisiane, appelé aussi *Pacquier,* qui est semblable au frêne, du moins en apparence. De tous ces différents noyers, le noir est celui qui est le plus recherché en ébénisterie, à cause de ses belles nuances; c'est dommage que les noyers soient sujets à la pourriture et aux vers. Le beau bois de noyer s'épuisant en France, nous en tirons de Sicile et d'Orient pour la belle espèce de ses loupes.

Osier. C'est un arbrisseau aquatique, dont le bois est très menu, liant, tendre et blanc, et dont les fils sont extrêmement fins. Ce bois sert aux ébénistes à défaut du houx, pour faire des filets.

Poirier, arbre fruitier, dont le bois est plein, compact et moyennement lourd, d'un grain fin et serré et d'une couleur rougeâtre. Ce bois se polit parfaitement bien et prend bien la teinture en noir, de manière que les ébénistes le substituent à l'ébène. C'est dommage que ce bois a le défaut de se tourmenter, car c'est un des plus beaux bois qu'on puisse employer pour les petits ouvrages.

Pommier, arbre fruitier dont le bois est moins dur que celui du poirier, liant et fort doux; sa couleur est blanchâtre. En général, ce bois approche beaucoup de celui de l'alizier.

Prunier, petit arbre fruitier, dont le bois, quoique plein, est tendre et léger (et quelquefois dur, selon les différents sujets), dont la couleur est un gris ventre de biche veiné de rouge, ce qui rend ce bois très agréable à voir, tant sur les couches concentriques que sur la maille, qui est petite et brillante. Ce bois a les fils un peu courts, ce qui n'empêche pas qu'il ne prenne bien le poli ; c'est dommage que sa couleur rouge passe aisément, à quoi cependant on peut remédier, en le vernissant.

Sainte-Lucie ou *padus*, espèce de cerisier sauvage, qui croît en Alsace-Lorraine et aux environs de Vérone, en Italie. Ce bois est compact, sa couleur est d'un gris rougeâtre agréable à la vue ; il a une très bonne odeur, qui augmente à mesure qu'il vieillit. Il faut le choisir sec, sans nœuds ni aubier. Le bois de Sainte-Lucie est aussi nommé *mahaleb*, ce qui est une erreur, parce que le bois de mahaleb, ou cerisier des bois, quoique semblable au bois de Sainte-Lucie pour la couleur, est beaucoup plus dur et n'a point d'odeur.

Sauvageons. On nomme de ce nom des poiriers et des pommiers qui n'ont pas été greffés. Leur bois n'est pas si beau que ceux des poiriers et des pommiers proprement dits : il est ordinairement plus dur et plus difficile à travailler.

Sureau, grand arbrisseau, dont le bois du tronc et des grosses branches est plein, dur et très liant, de couleur jaune semblable à celle du buis. Ce bois se corrompt difficilement et est très propre à employer en ébénisterie, à cause de sa bonté et de sa belle couleur.

BOIS EXOTIQUES ET INDIGÈNES ET DE LEURS DIFFÉRENTES COULEURS.

Lorsqu'on s'occupe de marqueterie, il est indispensable qu'on connaisse les nuances des différents bois.

Il y a cinq sortes de couleurs simples ou primitives, lesquelles étant mélangées entre elles, produisent toutes les autres. Les couleurs simples sont le *bleu*, le *jaune*, le *rouge*, le *fauve* et le *noir*. Il se trouve des bois des quatre dernières couleurs plus ou moins franches, plus ou moins foncées; il n'y a que la première, c'est-à-dire le *bleu*, qui nous manque.

Les couleurs composées sont le *pourpre*, le *cramoisi*, l'*amaranthe* et le *violet*, lesquelles proviennent du mélange du bleu et du rouge; le *vert* de toutes sortes, provient du mélange du bleu et du jaune; le mélange du rouge et du jaune donne le jaune couleur d'or, la couleur de souci, l'orangé, la grenade, etc. Le rouge mêlé avec le fauve, donne la couleur de canelle, de marron et de musc; le jaune avec le fauve, donne toutes les couleurs de feuilles mortes.

De toutes ces couleurs composées, il n'y a que le vert et l'orangé, et les couleurs qui en approchent, qu'on ne trouve pas dans les bois exotiques ou indigènes, et pour lesquels il faut avoir recours à la teinture, ainsi que pour le gris.

D'après ces connaissances générales touchant les couleurs, les ébénistes doivent s'appliquer à connaître parfaitement les bois qui sont de ces différentes couleurs, afin de ne pas être embarrassés pour représenter avec précision les motifs ou dessins qu'ils pourraient avoir à reproduire. Nous donnons la gamme des couleurs des diverses espèces de bois;

Bleu. — Il n'y a point de bois de cette couleur, à moins qu'il ne soit teint.

Rouge. — Les bois de cette couleur sont : l'acaja, l'amourette, le Brésil, de la Chine, de corail, l'ébène rouge, le bois d'Inde ou de campêche, le rouge ou de sang, le santal rouge ou caliatour.

Les bois de couleur rougeâtre ou nuancés sont : l'acajou, l'aloâs ou bois d'Aigle, le bois de Cayenne, de Cèdre, de Copaïba, l'épi de blé, le lapire, le rose, le satiné, l'aulne, le cormier, l'if, le merisier, le poirier, le prunier et le bois de Sainte-Lucie.

Jaune. — Les bois de cette couleur sont : le citron,

le fuset, le bois jaune, le santal citrin, le buis, l'épine-vinette, le fusain et le sureau.

Les bois de couleur jaunâtre ou nuancée sont : le cyprès, l'olivier, l'oranger, le faux-acacia et le mûrier.

Fauve. — Les bois de cette couleur sont : le bois de fer et l'œil-de-perdrix.

Noir. — Il n'y a que l'ébène proprement dite qui soit de cette couleur.

Violet. — Il n'y a que l'amaranthe qui soit toute de cette couleur; les autres bois violets sont nuancés comme le bois violet et le palissandre.

Vert. — Il n'y a point de bois de cette couleur, à moins qu'on ne le teigne; ceux qui en approchent le plus, sont : l'aloès ou calambour, l'ébène verte, le gaïac et le cytise.

Blanc. — Les bois de cette couleur (si c'en est une) sont : le bois de canelle, l'ébène blanche, le platane, le santal blanc, l'alizier, le charme, le houx, l'osier et le pommier.

Les bois blancs veinés ou ondés sont : la badiane, le cèdre blanc, le citronnier, l'ébène de Portugal, le féréol, le gommier, le jacaranda, le cerisier, l'érable, le frêne, le noyer et le sauvageon.

Tous les bois nommés ci-dessus ne sont pas tous exactement de couleur rouge, jaune, etc. ; mais comme ils sont nuancés, et chacun d'eux plus ou moins foncé dans un endroit que dans l'autre, il est fort aisé de s'assortir de toutes les nuances de couleurs possibles, qui, exception faite du bleu et du véritable vert, se trouvent dans toutes ces sortes de bois, tant indigènes qu'exotiques; mais plutôt dans ces derniers que dans les autres.

De la teinture des bois.

La teinture des bois, on le comprend facilement, est d'une grande importance pour les ébénistes. Cet art cependant est encore aujourd'hui presque en enfance, et l'on est encore à regretter la perte de la méthode de Jean de Vérone, qui teignait les bois avec des teintures bouillantes et des huiles qui les pénétraient. Il est fort à souhaiter qu'on puisse parvenir à trouver le moyen d'employer les matières de bon teint dans la teinture des bois, parce que leurs couleurs en seraient plus durables; mais par malheur les matières colorantes que nous possédons ne sont pas assez fluides pour pénétrer dans l'intérieur des bois, ce qui est cependant absolument nécessaire, afin qu'en travaillant les bois teints, ils se trouvent toujours de la même couleur, tant à l'intérieur qu'à la surface.

Avant de traiter de la teinture des bois il n'est pas inutile d'indiquer un procédé pour décolorer le bois, et arriver à lui donner une blancheur qui lui permette de remplacer l'ivoire, pour les filets et les petites incrustations. On y arrive en faisant séjourner le bois dans une dissolution composée comme suit.

Soude	250	grammes.
Hypochloryte de chaux . .	75	»
Acide chlorhydrique. . . .	75	»

pour un litre d'eau.

La préparation du bleu avec l'indigo et l'acide sulfurique, se fait de deux manières; savoir : à froid et à chaud; mais le bleu pour le bois se prépare à froid de la manière suivante :

On prend 125 grammes d'acide sulfurique pur, qu'on verse, dans une bouteille de deux litres, sur 32 grammes d'indigo réduit en poudre très fine; ensuite on remplit d'eau la bouteille, du moins à peu de chose près, on la bouche très exactement, et on lute le bouchon avec de la cire; après quoi on laisse le tout infuser pendant cinq ou six semaines, au bout desquelles on peut se servir de cette teinture qu'on fera plus ou moins forte, en y mettant autant d'eau qu'on jugera à propos. On aura soin toutefois d'y ajouter un peu d'acide, pour que la teinture ait plus de mordant. Quand la teinture est au degré de force dont on a besoin, on la met dans un vase de grès ou de terre vernissée, et on y laisse tremper les bois jusqu'à ce qu'ils en soient tout à fait pénétrés, ce qui demande quelquefois quinze jours et même un mois de temps, selon la dureté et l'épaisseur des bois, qui, cependant, ne peuvent guère avoir plus de trois millimètres.

Les ébénistes se servent ordinairement d'un pot à beurre de grès pour mettre les bois à la teinture, ce qui est très commode, parce que la forme de ce vase leur permet de mettre des morceaux d'une assez grande longueur, sans qu'ils soient obligés d'avoir une très grande quantité de teinture.

Il est très facile de connaître quand l'intérieur des bois est pénétré, vu qu'il n'y a qu'à couper un peu le morceau de bois par le bout, à environ 2 ou 3 centimètres de son extrémité, et quand les morceaux qu'on veut teindre ne peuvent pas être ainsi coupés, on met avec ces derniers un autre morceau de pareille qualité, sur lequel on fait des essais qui assurent du degré de teinture où sont les autres morceaux.

Les ébénistes teignent en jaune avec de l'épine-vinette,

de l'ocre jaune et du safran, qu'ils font bouillir ensemble; ce qui étant fait, ils font tremper les bois jusqu'à ce qu'ils soient totalement teints. La proportion de ces matières est d'un litre d'épine-vinette, 100 grammes d'ocre et 50 grammes de safran.

La décoction de gaude donne un très beau jaune, de bon teint, et on y fait tremper les bois à l'ordinaire. Lorsqu'à cette décoction on joint un peu de vert-de-gris, on a un jaune couleur de soufre. Le safran infusé dans de l'alcool, donne un très beau jaune doré.

On peut encore teindre les bois avec le jaune de chrome ou chromate de potasse qui donne un beau jaune d'or et pénètre très bien le bois.

Le rouge se fait de deux manières :

Avec le bois de Brésil; on fait bouillir 125 grammes de ce bois dans deux litres d'eau environ et on ajoute 30 grammes de crème de tartre et autant d'alun.

Si on supprime la crème et qu'on la remplace par de l'acide acétique ou au moins de très fort vinaigre, on obtient une nuance plus vive.

Pour obtenir du violet, on remplace la crème et l'alun par du carbonate de potasse (potasse du commerce).

On obtient également un beau rouge en trempant le bois d'abord dans une forte dissolution d'alun, puis dans une décoction de garance en poudre, à laquelle on ajoute ce sel d'étain que les teinturiers appellent composition pour l'écarlate.

Plusieurs sels rouges de fer, entre autres l'azotate de fer, pourraient être essayés avec avantage dans la teinture des bois.

Pour foncer la couleur du merisier et des autres bois rouges, on peut enduire les morceaux d'une bouillie assez épaisse de chaux, qu'on enlèvera en essuyant fortement.

La teinture fauve se fait avec la décoction de brou

de noix, laquelle peut être rendue plus ou moins forte, selon qu'on juge à propos, en y ajoutant un peu d'alun.

Le beau noir se fait en teignant d'abord les bois dans une décoction de bois d'Inde (ou de campêche, ce qui est la même chose): et quand cette première teinture est sèche, on les fait tremper ensuite dans une décoction de noix de galle, dans laquelle on a mis de la couperose verte ou sulfate de fer; quelquefois on ne fait qu'une seule teinture de ces divers ingrédients, dont la proportion doit être d'une partie de noix de galle, une partie de sulfate de fer, et six parties de bois d'Inde, le tout bouilli ensemble, dans laquelle on fait tremper le bois jusqu'à ce qu'il soit pénétré.

La teinture grise se fait avec une décoction de noix de galle, dans laquelle on fait dissoudre du sulfate en moindre quantité que pour la teinture en noir; de sorte que plus il y a de sulfate, plus le gris est foncé. La proportion ordinaire est d'une partie sur deux de noix de galle.

On arrive également à teindre le bois en fauve ou en noir, en plongeant le bois dans un mélange égal d'eau et d'acide sulfurique.

La teinture verte des ébénistes se fait ordinairement avec les mêmes ingrédients que pour le bleu, auxquels ils ajoutent de l'épine-vinette en plus ou moins grande quantité, selon qu'ils veulent que le vert soit plus ou moins foncé.

On fait un très beau vert-pomme en teignant d'abord les bois dans le bleu, à l'ordinaire, et en les faisant tremper ensuite dans la décoction de gaude, et cela plus ou moins de temps, selon qu'on veut avoir du vert d'une teinte plus ou moins forte.

On peut encore se servir du mélange suivant :

2 parties, vert-de-gris ou acétate de cuivre; 1 partie, sel ammoniacal, délayés dans du fort vinaigre.

On peut obtenir des teintures composées de toutes les nuances imaginables, en teignant le bois dans une couleur primitive, puis dans une autre plus ou moins foncée, afin que la teinte qui résulte de ces deux couleurs, tienne plus ou moins de chacune d'elles, ce qu'il est très possible de faire, puisqu'on est le maître de forcer ou d'affaiblir les teintures primitives autant qu'on le juge à propos, soit en raison de ce qu'exige la forme de l'objet qu'on veut représenter, ou bien en raison de la différente qualité des bois qui prennent plus ou moins bien la teinture, ou qui en augmentent ou affaiblissent la couleur, ce qui est fort à considérer, et qui demande beaucoup attention et d'expérience de la part des ébénistes.

En général, toutes les teintures dont je viens de parler s'appliquent à bains froids; ce n'est pas que plusieurs d'entre elles ne puissent être employées à chaud, mais c'est que, comme il faut un temps très considérable pour que les mêmes teintures pénètrent l'intérieur du bois, il n'est pas possible de les employer à chaud; de plus, la teinture froide a, sur les bois, beaucoup plus de brillant qu'étant employée à chaud.

Les ébénistes teignent non seulement leurs bois pour les plaquer et les employer à la place des bois de couleur naturelle; mais ils emploient ces mêmes teintures pour imprimer diverses parties de leurs ouvrages lorsqu'elles sont travaillées; alors ces teintures, comme le rouge de Brésil, le violet de bois d'Inde, le noir, etc., s'emploient à chaud, ce qu'il est très aisé de faire, puisqu'il suffit que l'extérieur des bois soit teint. Outre ces teintures, les menuisiers en meubles emploient quelquefois une espèce de couleur jaune pour les bois de lits, laquelle est composée d'ocre jaune et de vernis commun, ou de ce même ocre et de la colle d'Angleterre très claire, quelquefois même ils n'y mettent que de l'eau, ce qui ne vaut rien.

Pour donner aux bois divers la couleur acajou, on peut employer la préparation suivante :

Faire bouillir 20 minutes dans un litre d'eau :

	35	grammes	de roucou,
	35	—	bois de Brésil,
	35	—	garance,
	60	—	tartrate de potasse,
ajouter	60	—	d'alcool.

Appliquer avec une éponge, principalement sur le tilleul, le peuplier, le merisier et le chêne.

On peut encore se servir de cette autre préparation :

Bois de Brésil. . .	Quantité égale.
Roucou	

Faire dissoudre dans un litre d'eau en ajoutant une très petite quantité de colle.

Cette préparation s'emploie à chaud, et pour lui donner le brillant nécessaire il est bon de frotter à la cire. Elle présente l'avantage d'être transparente et de laisser voir les veines et les accidents du bois sur lequel elle est appliquée.

Pour les bois en feuilles on obtient une excellente teinte acajou en les chauffant dans une dissolution de gomme adragante dans de l'essence de térébenthine.

Une autre recette bon marché peut s'employer et donne d'assez bons résultats :

Dans un litre d'eau bouillante additionnée de carbonate de potasse, on ajoute 500 grammes de bois jaune et 1 kilogramme de garance. Cette teinture doit être employée à chaud.

Les recettes que nous avons données ci-dessus ne sont destinées qu'à satisfaire aux besoins personnels et pour ainsi dire accidentels de l'ébéniste, car, s'il lui fallait une quantité sérieuse de bois teint, il aurait intérêt à s'adresser à une des maisons qui en font leur spécialité. Ces maisons teignent le bois industriellement, c'est-à-dire à l'aide de procédés perfectionnés. Dans ces derniers temps, on a appliqué à la teinture des bois le système que le docteur Boucherie avait inventé pour leur conservation. Ce système consiste, à l'aide de certains expédients, à faire pénétrer dans les fibres du bois les liquides colorants par l'effet seul de leur pesanteur. Mais on ne s'est pas arrêté là, on se sert aujourd'hui de la vapeur à haute pression pour *injecter* les bois avec les principes colorants. Ces divers moyens, on le comprend, s'éloignent du cadre de notre publication, et nous nous contenterons de les avoir signalés à nos lecteurs.

CHAPITRE QUATRIÈME

DES TABLES EN GÉNÉRAL. — DE LEUR CONSTRUCTION, DE LEUR FORME, DE LEUR USAGE, ETC.

---

§ 1er. TABLE DE CUISINE.

(*Planche* 11)

La table en X (fig. 1), se compose de deux châssis de même hauteur ; mais de largeur différente. Le châssis le plus étroit est de la largeur de l'intérieur du plus grand.

Les traverses du haut affleurent avec les montants, celles du bas sont de 10 centimètres de hauteur.

Pour que ce genre de table soit solide, il faut coller les assemblages. Une fois les châssis terminés, il faut prendre la distance pour percer les trous pour recevoir les boulons. Cette distance varie ; si vous ne voulez que peu d'écartement dans le bas, il faut que les trous de vos boulons soient plus ou moins rapprochés du dessus.

La figure 2 représente la table ouverte ; il est préférable d'établir le plan qui n'est pas difficile à faire et vous trouverez juste la place de vos boulons, ainsi que l'écartement que l'on voudra donner aux pieds.

Cette table étant constamment déplacée, on la fait toujours en bois blanc pour la rendre aussi légère que possible.

TABLE DE CUISINE SIMPLE AVEC TIROIRS.

Fig. 3, 4, 5, 6, 7. — Cette table est la plus simple de toutes celles qui possèdent quatre pieds et 1 ceinture. Les ceintures sont des traverses qui se trouvent sous le dessus et assemblées dans les pieds (voir la lettre *D*, fig. 3). Les pieds sont en forme de gaine à l'intérieur ou du moins plus étroits dans le bas que dans le haut.

Pour faire cette table, corroyez les quatre pieds en carré; une fois les pieds corroyés, vous tracez vos mortaises, car si vous abattiez les gaines en premier, cela ne serait pas commode pour tracer, du moment que votre bois est plus étroit d'un bout que de l'autre, ensuite pour faire les mortaises le pied glisse moins sous le valet.

Les mortaises finies, vous abattez les gaines; elles s'abattent du côté des mortaises lorsqu'il faut qu'elles soient dans l'intérieur des pieds, car l'extérieur doit toujours se trouver en ligne verticale. Ensuite pour la traverse du côté du tiroir et dans un but d'économie de travail et de bois, vous rapportez sur une petite traverse de 25 millimètres carrés, un morceau de chaque bout en laissant le passage pour le tiroir au milieu sur la longueur du tiroir (voir fig. 4, lettre *F*).

Il ne faut jamais établir de feuillure pour les coulisseaux, un simple morceau plat de 0,027 d'épaisseur sur 0,04 de largeur qui s'assemble à la traverse du devant et du derrière suffit.

Une fois le tiroir ajusté et à sa place, vous prenez deux tringles de 1 centimètre d'épaisseur sur 2 centimètres de largeur et les trois quarts de la longueur du coulisseau, que vous collez avec deux pointes de chaque côté du tiroir et que vous posez ensuite dessus.

Il existe un autre moyen pour faire coulisser les tiroirs ; nous le donnons comme exemple à éviter, car le système est mauvais. Mais on s'en sert encore pour le travail bon marché. Vous faites une entaille dans le derrière du tiroir (voir fig. 6). Vous ajustez un morceau de hêtre qui désaffleurera de manière à laisser du jeu pour faire glisser le tiroir.

Vous retournez la table et vous engagez le tiroir dans son bâti. Dans le coulisseau vous mettez une pointe d'un bout ; le tiroir n'étant engagé que de 2 ou 3 centimètres. Vous mettez la coulisse dans son entaille ; là, vous enfoncez votre pointe qui doit se trouver près du derrière du tiroir ; ensuite vous le poussez jusqu'au fond, De cette manière, comme le coulisseau est arrêté par une pointe par devant, il ne peut se déranger. Pour que la tête du tiroir n'entre pas dans son bâti, il existe de chaque côté une saillie qui empêche le tiroir d'aller plus loin (voir fig. 4 et 5). Donc, l'entaille qui existe dans le derrière du tiroir conduit le coulisseau à sa place. Vous marquez alors exactement l'endroit où il a été conduit, puis vous retirez le tiroir et vous finissez de fixer le coulisseau.

On peut encore faire un autre genre de coulisseau.

Sous la traverse qui se trouve sous le tiroir on peut établir une simple tringle assemblée juste au milieu de la face du tiroir qui va rejoindre la traverse de derrière en parallèle avec le dessus, et, de chaque côté du tiroir dont les côtés touchent le dessus, vous clouez deux tringles d'un centimètre carré. Ces tringles vous servent de conduit pour votre tiroir et la tringle du dessous du tiroir sert pour soutenir ce dernier.

TABLE PORTEFEUILLE POUR CUISINE.

Fig. 11. — Cette table est très utile dans les petites cuisines. Une fois fermée elle n'occupe que très peu d'espace et ouverte, elle permet à plusieurs personnes d'y prendre place.

Elle se compose de deux patins (voir lettre *D*, fig. 8 et 11); sur ces patins est assemblé un montant formant pied (voir lettre *A*, fig. 8 et 11); au bout de ce montant est assemblé une traverse qui forme barre pour soutenir le dessus (voir lettre *H*, fig. 8 et 11); pour maintenir l'écartement de ces deux pieds, il y a deux traverses sur la hauteur (voir lettre *B*, fig. 9 et 12). Pour tenir les abattants levés, il existe deux châssis; la largeur de ces châssis est un peu plus étroite que l'arasement des traverses d'écartement; la hauteur est la même que celle des pieds, mais du bout qui se trouve sous le dessus les traverses affleurent les montants. Dans le bas, le dessous des traverses se trouve à la hauteur du dessous des patins. Ces châssis sont ferrés aux pieds et se développent jusqu'à moitié de la longueur des abattants, comme l'indique la figure 12, lettre *C*.

La figure 9 représente la table fermée en plan.

La fermeture des abattants se fait à plat-joint; on les ferre avec des charnières en dessous, de manière à ce que l'on n'aperçoive que le nœud de la charnière dans le joint.

La figure 8, est la vue de côté de la table fermée et la figure 11 est la table ouverte.

Ces tables se font généralement en bois de hêtre pour les pieds et le dessus en bois blanc, mais avec emboîtures en hêtre également.

§ 2. TABLE, DITE ANGLAISE.

(*Planche* 12)

Cette table est la plus simple des tables avec abattants.

Elle se compose de quatre pieds, de quatre traverses de ceinture, de deux tirettes pour maintenir les abattants lorsqu'ils sont relevés et d'un dessus avec fermeture à noies.

La figure 1, donne le plan de la table avec un abattant fermé et l'autre ouvert. Une des tirettes est tirée et l'autre est en place. Ces tirettes vont d'une traverse à l'autre, comme l'indique la lettre *a*.

La figure 2 représente la coupe de la table sur la largeur.

La figure 3 donne la coupe sur la longueur ;

La figure 4 représente une noie ouverte;

La figure 5 représente une noie fermée;

La figure 6, donne le développement du dessus.

La figure 7 reproduit une traverse de ceinture et la figure 8 donne le profil du dessus, grandeur d'exécution.

Le montage de cette table est d'une grande simplicité. On doit corroyer les pieds avant de les tourner, quoique dans le commerce le tournage se fasse avant. Ici la chose a moins d'importance, car ces tables sont de peu de valeur. L'inconvénient du travail se trouve dans les noies, car il faut qu'elles soient faites avec précision, de manière qu'une fois l'abattant relevé, le joint se trouve bien et la table droite sur sa largeur. Il faut ensuite que, l'abattant une fois baissé, la noie forme un quart de rond qui semblerait pour ainsi dire, être pris dans la masse. Pas le moindre jour ne doit se produire entre le carré et la partie ronde. Pour arriver à cette perfection, il faut que la noie soit faite suivant le point de centre, comme l'indique la ligne *b*, figure 4, que le ferrage se fasse avec un grand soin et que l'axe du nœud de la charnière se trouve au même point que le centre pour décrire la noie. Il faut, en outre, faire attention que le nœud de la charnière se trouve encastré dans le bois ; car autrement l'abattant ne se trouverait plus en angle droit avec le dessus. De cette façon, il échapperait la partie ronde et passerait sous le nu du dessous en abîmant ainsi les arêtes.

On met une cheville dans les tirettes pour les empêcher de sortir complètement de l'entaille (voir lettre *c*, fig. 1) ; le conduit qui se trouve au milieu de la table sert pour les deux tirettes ; on le fixe au moyen de deux vis. On fixe également le dessus de la table sur le châssis à l'aide de vis placés en dessous des traverses de ceinture. Il faut faire bien attention que ces vis ne traversent pas le dessus de la table. On peut remplacer les vis par des taquets que l'on colle à l'intérieur du châssis ; ce procédé est plus économique.

§ 3. TABLE A COULISSES AVEC ABATTANTS.

(*Planche* 13)

Cette table diffère de la précédente (pl. 12), en ce qu'elle est à coulisses et qu'elle possède deux pieds en plus pour maintenir les trois rallonges dont elle est pourvue.

Ces deux pieds, qui se trouvent dans le milieu, sont assemblés dans une traverse que l'on nomme traverse-tréteau (voir lettre *a*, fig. 1).

La traverse de ceinture est assemblée à queue d'aronde dans les angles. Pour que les trois pieds de chaque côté soient en ligne droite, on est obligé d'assembler les pieds des angles avec tenons et enfourchement, au même écartement que les pieds du milieu (pour l'assemblage, voir lettre *b*. fig. 2 et 5). Les traverses de ceinture des bouts sont en deux parties. Le joint se trouve juste au milieu de la longueur comme l'indique la lettre *e*, figure 1 ; l'on rapporte une demi-baguette pour cacher le joint.

Les coulisses doivent être faites avec du bois bien sec et avec une grande précision. Le jeu doit être bien régulier d'un bout à l'autre afin qu'elles glissent facilement et sans secousse. Pour ne pas les fatiguer on ne les développe que de la moitié de leur longueur.

Il faut toujours que les pieds de tréteau soient sous la coulisse du milieu (voir la lettre *e*, figure 1), d'où il résulte que le nombre des coulisses de chaque côté est toujours impair.

Les tirettes sont comme celles de la table précédente (pl. 12), si ce n'est que les conduits sont faits de deux parties, parce que la traverse tréteau empêche de les mettre en un seul morceau (voir lettres *d d*. Fig. 1).

Pour faire le plan, on donne d'abord le diamètre du dessus (voir fig. 1, lettre *e*) et on établit les joints où se trouvent les noies (lettre *h*. fig. 1), ainsi que la ceinture lettre *i*, mais de façon à ce que le dessus fasse assez de saillie. Ensuite, on établit les coulisses entre les traverses de ceinture, de manière que la tête des pieds ne gêne pas.

Pour la largeur des rallonges, on fait le développement des coulisses comme il est dit plus haut ; ces dernières ne doivent développer que la moitié de leur longueur (voir fig. 3) et suivant ce développement on fait la division pour avoir la largeur des tablettes rallonges.

Quand la table est terminée et qu'il n'y a plus que l'ajustement des rallonges, il faut avoir soin de les tenir raide en largeur, de manière à bien tendre les coulisses pour que cela n'occasionne pas un mouvement de va-et-vient.

La figure 4, donne le profil du dessus, grandeur d'exécution.

§ 4. TABLE A COULISSES AVEC ENTRE-JAMBES.

(*Planche* 14)

Cette table diffère des deux précédentes (pl. 12 et 13) en ce que les quatre pieds sont assemblés à un châssis par le haut et à une traverse d'entre-jambe par le bas. Les pieds restent fixes quoique la table soit à coulisses, mais, ainsi qu'on peut le voir dans la figure 1, il existe deux pieds qui, une fois la table fermée, se trouvent entre le châssis et le dessus de la table.

En ouvrant la table l'on tire un petit verrou à ressort qui maintient les pieds suspendus, ces derniers viennent alors se placer dans une position verticale et sont retenus par un autre verrou (lettre *d*, fig. 3).

Chacun des pieds qui s'abat supporte, avec le concours des coulisses, la moitié du dessus de la table, et les quatre pieds du milieu, avec le châssis, servent à soutenir les coulisses qui supportent les rallonges.

Cette table possède une traverse de ceinture (lettre *a*, fig. 1) que suit le contour du dessus; elle est toujours plaquée pour cacher les joints. La moulure qui forme astragale prend toute l'épaisseur de la ceinture; de cette façon, le champ de dessous se trouve propre et sans joints.

Pour ce genre de tables, on plaque toujours le dessus avec du placage de 0,003 à 0,005 qui forme toujours un carré ou, si le placage le permet, on y pousse un petit congé au pourtour ; de cette manière, le joint sur l'épaisseur est toujours dissimulé par une arête.

La moulure du dessus est en nez de corbin et composée de morceaux chantournés qui sont collés au pourtour du dessus avant d'être plaqués. Le dessus est en bois blanc ; le fil du bois de la moulure que l'on rapporte au pourtour doit être dans la même direction. Une fois collé, on redresse le tout ensemble, ensuite on plaque le dessus et le dessous, puis on pousse la moulure au pourtour du dessus.

Pour les coulisses le travail est le même que dans la table précédente (pl. 13).

L'entre-jambe doit être prise sur la longueur en ligne diagonale ; de cette manière, il n'existe pas de joints que pour les deux petites branches *a a*, comme le démontre la figure 4.

Pour tenir les tables à coulisses fermées, il existe de chaque côté du joint un gousset qui est assemblé dans la ceinture et vissé sur le dessus. D'un gousset à l'autre on fixe une vis de rappel dite, à tête romaine, (voir lettre *c*, fig. 1).

Il existe dans un des côtés de l'ouverture de la table des petites clefs et de l'autre des mortaises pour les recevoir. Ces clefs et mortaises sont destinées à recevoir les tablettes rallonges lorsque la table est développée.

La figure 3 représente la table ouverte.

Pour tracer le diamètre de cette table, voir la planche de géométrie qui démontre les différentes manières de tracer les ovales et les ellipses (pl. 2).

§ 5. TABLE A COULISSES CARRÉE AVEC COINS ARRONDIS

(Style Henri II.)

(*Planche* 15)

Cette table possède une ceinture avec astragale et quatre pieds à l'intérieur qui s'abattent.

Il existe, comme à la planche 14, un châssis qui fixe les pieds dans le haut et une traverse d'entre-jambe dans le bas ; au bas des pieds le profil est disposé de manière à établir une cuvette pour recevoir la roulette.

Pour coller la ceinture dans les angles arrondis et arriver à faire joindre ces joints (lettre *a*, fig. 1), on commence par coller les parties droites juste à leur place ; ensuite on ajuste les coins ronds avec un peu de raide ayant le soin de dégraisser les joints dans l'intérieur. Une fois prêt à coller, on chauffe les joints et on les colle avec de la colle un peu claire et bien propre, car ces joints sont apparents. De cette façon on n'a pas besoin de prendre des serre-joints pour faire arriver les joints qui se trouvent sur deux faces.

La figure 1 représente la disposition de la table en plan.

La figure 2 donne la vue de la table sur sa longueur.

La figure 3, donne la coupe sur la largeur.

La figure 4 donne le profil de la ceinture avec le dessus (demi d'exécution).

La figure 5, donne le profil de l'entre-jambe (demi d'exécution).

La figure 6 est le développement des coulisses qui sont numérotées comme dans le plan de la figure 1.

§ 6. TABLE OVALE A COULISSE, COLONNES ET ENTRE-JAMBES.

(Style Louis XIII.)

(*Planche* 16)

Le dessus de cette table, est semblable à celles qui possèdent une ceinture circulaire et qui sont à coulisses.

La figure 1 est le plan de la table.
— 2 — le plan de l'entre-jambe.
— 3 — la coupe sur la longueur de la table.
— 4 — le pied de tréteau.
— 5 — le développement des coulisses.
— 6 — le profil de la ceinture avec le dessus (demi-grandeur).
— 7 — la coupe sur la ceinture.

Pour faire le plan de cette table, on commence par établir le diamètre du dessus (pour faire l'ovale, voir la géométrie, pl. 2), ensuite on trace la ceinture. On établit le joint de la table qui se trouve au milieu de la largeur et ensuite les coulisses suivant le nombre des rallonges. Ces coulisses sont vissées sur le dessus et sur le plateau de piètement. Ainsi les coulisses 1 et 5 sont vissées sous le dessus et les coulisses 3 sont vissées sur le plateau. Il faut ensuite établir les traverses de tréteau ; la distance qui existe entre les deux coulisses 5 en donne la longueur. Puis on établira les goussets avec leur vis de rappel et ensuite les verrous. La barre *a*, qui se trouve au milieu est fixée au plateau.

L'entre-jambe est formée de trois morceaux ; un qui va de toute la longueur et les deux autres qui y sont assemblés en assemblage double. Les moulures qui décorent l'entre-jambe sont rapportées. Les colonnes sont assujetties à chaque bout au moyen de tourillons.

§ 7. TABLE A COULISSES AVEC COLONNES ET PATINS (style Renaissance).

(*Planche* 17)

La figure 1 représente le plan de la table.

Nous saisissons l'occasion qui nous est offerte ici pour engager les ébénistes à ne jamais faire un plan avec légèreté, car, lorsque ce dernier est bien exécuté et bien compris, l'exécution devient beaucoup plus facile et il en résulte une grande économie de temps. On ne saurait donc jamais prendre assez de précautions.

On peut voir, par le dessin que nous représentons dans notre planche, que cette table est assez compliquée.

On établira d'abord le diamètre du dessus de la table (lettre *g*), et ensuite la ceinture que l'on rapportera en arrière de la saillie du dessus.

Avant de commencer un plan, il faut connaître les profils d'avance pour pouvoir marcher avec confiance. Par conséquent, selon le profil du dessus, on tracera la ceinture *a*. Une fois la ceinture tracée, on établit les coulisses suivant le nombre des rallonges que l'on a dans la table. Dans tous les cas, il faut toujours chercher à gagner de la longueur.

On établira ensuite la ligne *c* qui donnera le joint de la table. Le nombre des coulisses est toujours fixé par leur longueur et, plus on veut mettre de coulisses, plus elles doivent être courtes, parce qu'il faut laisser un espace pour loger les quatre pieds.

Ayant fixé la longueur des coulisses, on tire les lignes *d d* parallèles à la ligne *c ;* on retourne ces lignes en angles droits *B B*. De ces lignes, on indique l'emplacement des cinq coulisses comme les donnent les chiffres 1, 2, 3, 4, 5. L'espace qui restera entre les coulisses donnera la longueur des traverses de tréteau. Puis on établira l'épaisseur des traverses de tréteau lettre *J* et les goussets avec les vis de rappel lettre *o*.

La figure 3 est également renvoyée d'après le plan (fig. 1), et ici les patins sont vus en perspective.

Pour la coupe du dessus de la ceinture et des coulisses (fig. 3), on abaisse du plan les lignes 1, 2, 3, 4, 5, 6, 7, 8, 9, 10 *O*, *P* et *M*, qui est la ligne du milieu. La ligne 1, ainsi que la ligne *H*, donnent la place du patin suivant celle qu'il occupe en plan.

La figure 2, qui est renvoyée du plan comme l'indiquent les lignes correspondantes, est la table vue sur une face et dont un patin est retiré pour en démontrer la valeur réelle, tandis que dans la figure 3 les patins sont vus en perspective.

On abaisse les lignes extérieures *O P* pour le dessus et la ceinture (fig. 3) et les lignes *Q Q* et *D* pour le patin (fig. 2). Les lignes *l m a b c* sont pour la colonne (fig. 2). Toutes ces lignes sont abaissées d'équerre d'après la ligne diagonale lettre *E*. Une fois que la figure 2 est bien arrêtée comme forme de patin et de colonne, on n'a plus qu'à rapporter les hauteurs de tous ces détails sur la figure 3 ; cependant, il ne faut pas oublier que les patins sont vus ici en raccourci.

La figure 4 donne le développement du patin tel qu'il se trouve assemblé dans la figure 2.

La figure 5 le profil des pieds de tréteau.

La figure 6 le développement des coulisses sur lesquelles on fait la division des rallonges.

La figure 7 le profil du dessus et de la ceinture (demi-grandeur).

On doit faire l'assemblage des patins à queue et à entonnoir. On commencera par faire les queues dans les patins, de façon qu'elles soient plus étroites d'un bout que de l'autre. La partie la plus étroite se trouve sur le dessus du patin (voir lettre *K*, fig. 4). Ensuite, on fait les entailles dans la colonne, on ajuste les patins en ayant soin de les numéroter à leur place. Les entailles étant en entonnoir, il est facile de les ajuster et de les rendre solides ; une fois collées on rapporte le culot qui termine la colonne.

§ 8. TABLE A COULISSES AVEC PIEDS RENFERMÉS DANS LA COLONNE (Renaissance).

(*Planche* 18)

La construction de cette table, en ce qui concerne le dessus, la ceinture et les coulisses, est la même que dans les tables précédentes. La différence du travail consiste dans la colonne qui s'ouvre en deux parties et renferme dans son milieu deux pieds montés sur deux traverses à pivot. La table une fois ouverte, on tourne les pieds de manière que les traverses à pivot soient en ligne droite avec la traverse-tréteau et que les premiers viennent prendre la place de la lettre *a* (fig. 6).

La figure 1 est le plan d'ensemble de la table.
— 2 donne la coupe.
— 3 montre la table ouverte.

La figure 4 donne la colonne dans la disposition. pour le tourneur.
— 5 est le calibre pour le découpeur.
— 7 donne le développement des coulisses.
— 8 le profil du dessus et de la ceinture (demi-grandeur).

Fig. 9. — Coupe du dessus et de la ceinture.

Le tracé et les développements sont très faciles à exécuter, ainsi qu'on peut s'en rendre compte par les lignes renvoyées du plan.

§ 9. TABLE A COULISSES AVEC COLONNE A 8 PANS ET A PATINS (Henri II).

(*Planche* 19)

Cette table est montée sur un plateau (voir lettre *A*, fig. 1) dont les coulisses sont vissées dessus. Le pied est octogone avec quatre patins en forme de console. La base de ces patins est un corps de moulure qui forme socle. Une corniche couronne le sommet de la colonne. Entre les patins, il existe un panneau à petit cadre.

La figure 1 donne le plan.
— 2 la vue d'ensemble avec une coupe sur la moitié.
— 3 est le plan du patin.
— 4 et 5 donnent le développement des coulisses.
— 6 est le profil d'un pied de tréteau.
— 7 donne le pied du tréteau désassemblé.
— 8 donne le profil du dessus de la ceinture (demi-grandeur).
9 est le profil du socle du patin.

§ 10. PETITS GUÉRIDONS AVEC LEURS DÉVELOPPEMENTS

(Renaissance et Louis XVI.)

(*Planche* 20)

Il y a différentes manières de faire lès guéridons.

Le guéridon style Louis XVI (fig. 1) est absolument comme le guéridon (fig. 11) au point de vue du tracé et du développement, ainsi qu'on le verra dans la description que nous en donnons plus loin. La figure 1 est la vue d'ensemble. La figure 2 donne le développement d'un patin d'après le plan (fig. 3). La figure 3 donne le plan. La figure 4 montre le développement d'un patin.

La figure 6 représente la vue d'ensemble d'un petit guéridon Louis XVI. Les figures 7 et 8 sont établies d'après les mêmes principes que pour le guéridon précédent.

Les figures 5 et 9 donnent les profils (demi grandeur) du dessus des guéridons 1 et 6.

La figure 10 est le développement du patin de la figure 6.

La figure 11 représente un guéridon dans le style Renaissance. Pour établir le plan du guéridon tel qu'il se trouve, on commence par la figure 12. On donne le diamètre de la table et de la base de la colonne (voir la lettre *a*) où on fait le développement du patin (fig. 14, lettres *a b*). Une fois ce développement fait, on le porte sur le plan (fig. 12) de la lettre *a* à la lettre *c*. On trace une circonférence qui donnera l'extérieur des patins. On abaisse la ligne *a d* et de ce point on divise la circonférence en trois parties aux points de division, ce qui donnera l'axe sur l'épaisseur du patin. Lorsque les patins sont figurés en plan pour faire l'élévation du guéridon, on élève les lignes du plan. La figure 15 est renvoyée en ligne verticale sur le patin *a c*. Le guéridon peut se faire en un ou en plusieurs morceaux sur la longueur de la colonne ; on fait passer une tringle en fer d'un bout à l'autre avec un écrou de chaque bout.

L'assemblage des patins se fait d'après le même système que celui employé dans les tables à patins. Le dessus est vissé à l'aide d'une vis en bois qui tient aux pieds et dans le dessus.

La figure 13 donne le profil du dessus (demi-grandeur).

§ 11. TABLES-GUÉRIDONS (Henri II et Louis XIII).

(*Planche* 21)

Cette table (fig. 1, style Henri II) est à peu près de la même construction qu'un guéridon, si ce n'est que le pied est plus fort et qu'elle possède, en outre, une ceinture. Pour maintenir le dessus il existe une traverse en croisillon qu'on assemble à queue dans la ceinture et à demi-bois dans le milieu. Ce croisillon se trouve vissé dans le dessus pour le maintenir et il est entaillé dans la colonne (voir lettre *A*, fig. 2, en plan, et lettre *A*, fig. 1, en coupe). Quant aux patins, ils sont assemblés comme tous les autres avec un culot rapporté par-dessous.

La figure 5 est une table-guéridon, style Louis XIII, à quatre patins. La figure 5 représente la table telle qu'elle doit être une fois terminée. La figure 6 donne la coupe du dessus et de la ceinture. Dans cette table. il existe un faux-fond qui est soutenu par une traverse en croisillon (lettres *e e* fig. 7). Cette traverse reçoit le faux-fond qu'on assemble également dans la ceinture. On peut faire tourner cette ceinture, car le profil serait trop ouvrageux pour se faire à la main. Quant au dessus, il est comme celui des autres tables.

Comme l'indiquent les lettres et chiffres, les lignes de renvoi sont établies d'après les mêmes principes que pour les tables dont nous venons de donner la description.

§ 12. GUÉRIDONS AVEC ENTRE-JAMBE.

(*Planche* 22)

Les trois guéridons (styles Henri II, genre Roman et Louis XVI) que nous donnons sur cette planche, se distinguent par leur grande élégance. Ils possèdent trois pieds avec entre-jambe et vase au milieu. Le guéridon, figure 1, diffère des deux autres en ce qu'il est pourvu d'une tablette ornée d'une galerie à mi-hauteur des pieds.

On peut faire l'assemblage de la ceinture à tenons, mais il est préférable de les assembler à queues. Les entre-jambes sont assemblés à tenon dans les pieds. Au milieu, l'assemblage est à queue. Il existe dessus et dessous, au milieu de l'entre-jambe, un motif tourné pour cacher les assemblages. Les entre-jambes sont élégies sur les deux plats et sur champ.

La figure 7 est l'ensemble du guéridon Henri II.
— 8 donne le renvoi de l'entre-jambe.
— 4 donne l'ensemble du guéridon Louis XVI.
— 5 plan et le renvoi de l'entre-jambe de la figure 4.

La figure 1 donne l'ensemble du guéridon.
— 2 donne le plan et renvoi de l'entre-jambe de la figure 1.

Les figures 3, 6 et 9 représentent chacune la coupe du dessus et de la ceinture des trois guéridons.

Afin de nous éviter des redites, nous croyons ne pas devoir entrer dans les détails des lignes de renvois, qui sont les mêmes qu'aux planches précédentes. Les lettres correspondantes sont plus que suffisantes pour faire comprendre ces tracés.

§ 13. TABLES DE JEU A COULISSES (Henri III et Louis XIII).

(*Planche* 23)

L'exécution de ces tables réclame une grande attention. Le plan doit être dressé avec la plus grande précision et le bois devra en être très sec.

La table de jeu (fig. 1) est à coulisses avec une traverse de dessous qui permet de lui donner plus de développement.

La figure 4 donne la coupe sur le côté. Le dessus est en bois blanc et est divisé en deux parties ; celle qui se ferme est plaquée sur une face qui forme le dessus une fois fermée; l'autre face est entourée d'un cadre qui fait saillie sur le parement, on y pousse un petit congé qui laisse un carré pour recevoir le tapis. Il existe sur la ceinture de la table un petit cadre que l'on peut rapporter, mais on peut aussi le prendre dans la masse, élégire la traverse et rapporter les parclauses. Sur la partie du devant qui forme le tiroir, se trouve une traverse qui vient s'assembler dans les pieds sous le tiroir et qui relie les pieds de devant (lettre *a*, fig. 4).

Pour faire le plan de cette table, on commence par la figure 2, qui est la coupe sur la longueur. On trace la ceinture *l b;* puis la coulisse *c*, qui reçoit la traverse du dessous et le côté du tiroir *d;* cette coulisse doit être plus étroite d'une épaisseur de traverse que la ceinture (voir lettre *e*) et le tiroir plus étroit également d'une épaisseur de traverse que la coulisse *c*. On rapporte sur la coupe (fig. 2) l'épaisseur des deux traverses, lettres *e e*, la première donnera la largeur de la coulisse *c*, et la deuxième, la largeur du côté de tiroir lettre *d*; on établit ensuite le dessus ainsi que les pieds.

Pour établir la figure 1, on trace le dessus et on lui donne la longueur voulue. Les tables de jeu sont presque toujours carrées. Une fois la largeur déterminée on cherche l'axe (lettre *p*, fig. 4), qui donne la largeur de la table une fois fermée : pour avoir la largeur de la ceinture (lettre, *b* fig. 2), la prendre de *l* en *b* (fig. 2); il en est de même des autres coulisses.

La coulisse *c* (fig. 5), est la même que sur la coupe (fig. 4) ; la moitié de la longueur est rapportée de chaque côté de l'axe (lettre *f*, fig. 4), qui donne les lettres *ij* ; pour fixer la longueur exacte des côtés de tiroirs lettre *c*, il faut prendre la longueur de *k* en *h* et la rapporter de l'intérieur du pied *m* qui donnera la lettre *l*.

On établit ensuite les traverses d'écartement, elles sont assemblées dans les coulisses, l'une dans l'intérieur de la ceinture lettre *b* et l'autre dans la coulisse lettre *c*. Ces traverses d'écartement sont en tête des coulisses et disposées de façon qu'elles se trouvent placées en arrière du bout de la coulisse pour laisser un épaulement. Il faut ensuite établir les barres, lettre *n*, qui viennent buter dessus. Ce sont ces barres qui font arrêt.

La figure 3 donne le plan de la table fermée; pour l'établir, on n'a qu'à abaisser les lignes de la figure 2 et on obtient ainsi le plan de côté pour la longueur de la ceinture et des coulisses. Pour les épaisseurs, on prend les points 1, 2, *b*, *c*, *d* (fig. 2) et on les porte sur le plan (fig. 3).

La traverse lettre *o* (fig. 3) est la traverse qui permet de donner un plus grand développement à la table; elle sert également à cacher le jour quand elle est ouverte.

La difficulté du travail consiste dans l'exécution des coulisses. Il faut que le bois soit bien travaillé. Quant aux rainures on n'a qu'à déranger le bouvet une seule fois et à le pousser du même côté, le côté du dessus. Le reste est un travail ordinaire. Derrière la tête du tiroir et en dessous on pousse un congé pour pouvoir le tirer.

La ferrure qui sert à développer le dessus est un pivot double en cuivre. On pose un drap sur cette table, mais on a soin de le mettre à tirer. Pour bien coller le drap, on ouvre la table complètement, ensuite on cale le dessus de façon à ce qu'il creuse de 3 centimètres à l'endroit du joint; on colle alors le drap sur les quatre rives. Une fois le dessus sec on retire la cale et on peut être certain que le drap sera bien tendu (voir fig. 4 et 9).

La figure 10 est la coupe sur la longueur.

La figure 8 donne le plan d'une moitié de la table fermée et d'une moitié de la table ouverte avec la coupe développée. Pour plus de renseignements, consulter la légende.

La figure 6, coupe du dessus de la traverse, demi-grandeur de la figure 1.

La figure 11, coupe du dessus de la figure 7.

La figure 7 est une table de jeu, style Henri II, dont nous ne faisons pas la description, la construction étant la même que dans la table que nous venons de décrire ci-dessus.

§ 14. TABLES DE JEU A PIVOT (Henri II et Louis XV).

(*Planche* 24)

La figure 1 est l'ensemble de la table.
— 2 est le plan.
— 3 est la table vue de côté.
— 4 est une coupe sur le côté.
— 5 donne une coupe du dessus et de la traverse.

La construction de cette table est semblable aux autres en ce qui concerne les pieds et la ceinture ; il n'y a que le dessus qui diffère en ce sens qu'il est à pivot. En tournant le dessus en travers on le développe sur la table. Ces tables sont plus commodes que les tables à coulisses qui vont rarement bien.

Pour trouver le point du pivot, il faut prendre l'axe de la table sur la longueur, ligne *a* (fig. 2) et ensuite l'axe sur la largeur (lettre *b*, fig. 2). Du point *c* qui se trouve sur la ligne *a*, on ouvre le compas jusqu'au point *b* et on décrit un quart de cercle qui donne la lettre *d*. Du point *d* au point *b* on trace une ligne, ensuite de ces mêmes points, on fait une section qui donne le point *e*, on tire alors une ligne droite qui coupe la ligne *d b*. Cette jonction donne la lettre *f* ; c'est à ce point que l'on pose le pivot et que l'on établit la traverse *g* qui le reçoit.

Il existe dans cette table un faux fond, comme l'indique la lettre *h* (fig. 4).

La figure 6 est également une table de jeu à pivot du style Henri II, mais d'une décoration moins riche que la précédente style Louis XV.

Le système est le même pour trouver le pivot.

La figure 6 donne la vue de face.
— 7 est le plan de la table avec son dessus développé.
— 8 est une coupe sur le côté.
— 9 donne une coupe du dessus et de la traverse.
— 10 est une coupe du dessus demi-ouvert.

§ 15. TABLE D'ANTICHAMBRE ET TABLE DE MILIEU

(*Planche* 25)

Table d'antichambre, style Henri II (fig. 1).

Cette table qui est à angles droits possède deux tiroirs avec astragale faisant le tour de la table et servant en même temps de traverse sous les tiroirs. Ces tiroirs, ainsi que les traverses, sont décorés de champs de moulures. On peut rapporter ces moulures de deux manières ; à plat sur les traverses ou avec une feuillure ; cette dernière est plus propre et plus solide. Quant à l'entre-jambe, sa forme s'oppose à ce qu'elle soit d'une grande solidité, surtout dans du bois massif.

Lorsque l'entre-jambe est plaquée on peut rapporter les tenons, mais en bois de file; dans le bois massif, il est préférable de mettre un goujon lettre *c* (fig. 2). Pour la partie qui vient s'assembler dans la traverse tournée lettre *d*, l'on peut faire une coupe en biais dans l'épaisseur et un enfourchement dans la tête de la traverse tournée.

Sur la tête des pieds se trouve une petite table saillante *a*, que l'on colle avec deux goujons en bois blanc.

Le dessus est encadré et assemblé d'onglet. Il y a plusieurs manières d'assembler l'encadrement d'une table (voir à cet effet la pl. 8).

Le tournage des pieds étant en saillie et pour plus de commodité, on doit corroyer les têtes des pieds avant de les faire tourner. L'on pourrait cependant faire tout le corps du haut, ceinture et têtes de pieds et établir des goujons dans le tournage ; l'économie en est assez sensible, mais, par contre, peu solide. Il est donc préférable de faire les pieds d'une seule pièce.

La figure 2 donne le plan sur l'entre-jambe.
— 3 plan sur les tiroirs.
— 4 coupe de la partie haute.

TABLE DE MILIEU (style Louis XIII).

La figure 5 est la vue de face.

Cette table est pourvue d'un tiroir qui forme traverse de ceinture. Pour le soutenir et maintenir l'écartement des pieds, il existe une traverse *A* qui est assemblée dans les pieds en arrière de l'épaisseur de la tête du tiroir. Comme le devant du tiroir recouvre cette traverse, il faut que les côtés *B* soient plus étroits de l'épaisseur de la traverse de dessous. Quand ces tables sont un peu longues on fait le fond des tiroirs en deux parties sur la longueur et on les relie par une traverse. On fixe le dessus de la table à l'aide de vis et si les traverses sont trop larges on y met des goujons et on colle le dessus.

La figure 6 donne la coupe sur la largeur.
— 7 est le plan d'ensemble.
— 8 coupe sur la longueur.
— 9 coupe sur la partie haute.

§ 16. — TABLE DE MILIEU ET TABLE A VOLETS.

(Style Louis XIII).

(*Planche* 26)

La figure 1 donne l'ensemble de la table de milieu.

Pour l'établir, on commencera par le plan (fig. 2), en indiquant la saillie du dessus, l'emplacement des traverses de ceinture, les pieds ainsi que les consoles.

Ensuite, pour en établir la coupe (fig. 3), on abaissera du plan les lignes correspondantes *b* pour la largeur du dessus, les lignes *c c* pour les pieds, les lignes *d d* pour l'emplacement des traverses de ceinture et les lignes *e e* pour la saillie des consoles. Une fois ces lignes renvoyées, on peut les retourner en angle droit parallèles les unes aux autres.

On établira le tiroir en plan (fig. 2) et les petites traverses en *T* (fig. 5).

La figure 4 donne le détail de la partie supérieure, demi-grandeur d'exécution.

La figure 6 donne la coupe sur le fond du tiroir.

TABLE A VOLETS (style Louis XIII).

Cette table est très commode en ce qu'elle n'occupe que très peu de place quand elle est fermée.

Elle se compose de 8 pieds dont 4 sont assujettis sur deux patins; ces patins sont reliés par deux traverses qui y sont assemblées. Dans le haut, il existe deux traverses de ceinture *b b* (fig. 8), qui sont de même arasement que les traverses du bas, et deux traverses de côté et du haut en forme d'archivolte *D* (fig. 7). Ces pièces forment le corps de la table. Les quatre autres pieds qui sont mobiles sont assemblés à des traverses *E* (fig. 7), ferrées à la tête des pieds du milieu *C* (fig. 8).

La figure 7 représente la table vue de face; d'un côté l'abattant est abattu et de l'autre il est relevé et maintenu par son pied mobile. Les 4 pieds mobiles qui servent à soutenir les abattants sont maintenus à distance par une traverse mobile *f* (fig. 8) qui se trouve au-dessous des abattants.

La figure 10 représente la traverse mobile *F* relevée sous l'abattant, auquel elle est maintenue par un petit verrou. Dans les pieds mobiles il existe une feuillure qui sert de battement à la traverse mobile *h* (fig. 8). Cette traverse mobile se loge tout naturellement sous le dessus de la table, attendu que le cadre est plus épais que le panneau de l'épaisseur de la traverse mobile. Si l'on veut faire un dessus sans être encadré on est obligé d'élégir l'emplacement de la traverse. La ceinture de cette table doit être le plus large possible, mais on peut lui donner le contour gracieux dans son chantournage tout en conservant une grande largeur à l'endroit des assemblages (voir fig. 7 lettre *e*). Cette largeur est nécessaire pour les traverses qui sont assemblées dans les pieds mobiles lesquels ne possèdent pas de traverses d'écartement dans le bas. Il ne faut pas négliger de mettre de bonnes charnières qui possèdent la longueur de la largeur de la traverse.

Les traverses *b* (fig. 8) qui sont assemblées dans les 4 pieds du milieu doivent être d'une épaisseur telle qu'elles ne gènent pas l'abattant une fois la table fermée. Les pieds mobiles ne doivent pas désaffleurer les pieds fixes (lettre *c*. fig. 8).

Les lignes ponctuées (fig. 10) indiquent la marche

des pieds mobiles. Dans les traverses *b*, il existe une entaille pour recevoir les battements des pieds mobiles *h* (fig. 8).

La figure 11 donne le plan de la figure 10.

Enfin, pour terminer, il ne faut pas oublier un petit taquet que l'on met en dehors des traverses mobiles, sous le dessus et près des pieds (lettre *j* fig. 8).

§ 17. TABLE RENAISSANCE ET TABLE A THÉ

(*Planche* 27)

La table Renaissance, figure 1, dont la forme est agréable doit être placée de préférence dans un cabinet de travail ou de lecture car elle se transporte difficilement. De chaque côté sur la longueur, il existe un tiroir et une traverse dessous pour soutenir ce dernier. Le corps du haut qui se compose du dessus, des 2 tiroirs et de l'astragale qui reçoit le faux-fond, se sépare d'avec les consoles et l'arcature de milieu. La traverse en *T* est assemblée aux patins. Les colonnes sont assemblées à goujon des deux bouts. Les colonnes des extrémités sont en forme de vases et assemblées du haut et du bas dans les traverses (voir la coupe fig. 5).

Pour consolider l'arcature, on aura soin de mettre une vis dans la partie la plus faible. Sous les tiroirs il existe un faux-fond qui vient s'assembler dans un bâti ; ce bâti possède une traverse sur la largeur pour recevoir la traverse d'arcature qui ne serait pas solide si elle reposait sur le faux-fond. Le dessus de ces tables est rarement encadré par la raison que le bois est susceptible de travailler. Il est donc préférable de les plaquer de la manière suivante : on fait le dessus en bois blanc et on l'encadre du même bois que le reste de la table, on plaque ensuite le dessus et on contre-plaque le dessous; de cette manière le dessus travaille très peu. Mais si l'on veut obtenir une plus grande solidité encore, l'on mettra 3 épaisseurs de placage dans la partie du bois blanc dont deux en travers et le dernier qui termine le dessus doit être mis dans le sens de la table. De cette façon on peut être certain que le bois ne travaillera pas, mais ce procédé devient coûteux.

Ces sortes de tables se font généralement en partie en noyer ou en poirier; bois qui conviennent bien au style Renaissance.

La figure 1 donne la vue de face;
— 2 — la vue de côté;
— 3 — le plan sur le tiroir;
— 4 — le plan de la traverse en *T*;
— 5 — la coupe sur l'élévation;
— 6 — les détails sur la coupe du tiroir, 1/2 grandeur.

Ces plans et coupes sont plus que suffisants pour la construction.

TABLE A THÉ, DITE GIGOGNE

Cette table est très commode en ce sens qu'elle en forme réellement 4.

Il est très facile de l'établir.

On commence par donner la longueur de la table *a a*. On trace ensuite l'épaisseur des traverses. Comme il y a ici 4 tables, il faut 4 épaisseurs de traverses qui donneront les lignes *a b c d e*; on abaisse ces lignes pour donner les patins et elles peuvent faire servir en même temps pour faire les figures 9 et 10. On établit le premier dessus (fig. 7); une fois fini, on laisse un centimètre d'intervalle entre le premier dessus et le deuxième. Cet intervalle doit se trouver au-dessus des rainures qui reçoivent les dessus. Il doit donc y avoir 1 centimètre d'intervalle et 2 centimètres de rainure, ce qui fait 3 centimètres. Il faut que les pieds de la deuxième table soient plus courts de 3 centimètres que ceux de la première. Ainsi entre la première table et la dernière il y aura 9 centimètres de différence dans la hauteur.

Une fois que le dernier dessus est tracé, on donne la largeur de la traverse de cette table *e d*; on tire la ligne horizontale *f f* qui donnera la largeur des autres traverses. On donne la hauteur des patins ligne *h*. Cette ligne et la ligne *f* donneront l'arasement des colonnes. Au-dessus des patins on trace les traverses d'entre-jambe, lettre *i*.

La figure 8 donne la largeur de la table et la forme du patin.

La figure 9 est le plan sur les traverses d'entre-jambe ainsi que sur les patins. Ces traverses d'entre-jambe sont cintrées en plan pour permettre à chaque traverse d'aller gagner son pied tel que l'indiquent les chiffres 1, 2, 3, 4. Les lettres *j k* (même fig.) donne la saillie de la dernière traverse sur le pied pour la rapporter sur la figure 7 qui donne la traverse en coupe.

La figure 10 donne les traverses du haut vues du dessous.

La figure 11 est la coupe sur le pied de la table numéro 1. La rainure que l'on aperçoit chiffre 2, est pour recevoir la table numéro 2; toutes les tables rentrent l'une dans l'autre de façon à ne tenir que très peu de place lorsqu'on ne s'en sert pas. Une fois développées elles peuvent servir à une quinzaine de personnes.

Les plans et coupes sont également plus que suffisants pour construire cette table.

§ 18. TABLE AVEC RENVOI DU PIED POUR L'ASSEMBLAGE.

(Style Louis XIII).

(*Planche* 28)

Cette table est pourvue d'une ceinture assemblée à queues recouvertes et qui flotte sur les pieds (fig. 4)[1].

Comme elle est destinée à une certaine fatigue, l'entre-jambe (fig. 3) doit être d'une force en rapport à sa construction; il est donc indispensable de la construire en plusieurs pièces comme l'indique cette figure.

Dans chaque angle de la table, à l'intérieur de la ceinture, il existe une traverse qui est assemblée à 45° comme l'indique la figure 2; cette traverse doit être de même largeur que la ceinture. Sur le milieu de la largeur de la traverse, il y a une mortaise pour recevoir le pied qui possède un tenon avec enfourchement (fig. 5). Mais l'enfourchement et le tenon sont en diagonale sur le diamètre du pied. Pour plus de solidité on peut encore faire un dérasement de chaque côté de la traverse comme l'indique la figure 2, lettre *c*.

Une fois les traverses d'angle en place (fig. 2), on présente le pied dessous la traverse bien buté dans l'angle, ensuite on trace l'assemblage du pied. On prend un trusquin et on descend les lignes qui indiquent le passage de la scie. En donnant les coups de scie, il faut avoir soin de passer en dehors du trait pour le tenon et en dedans pour l'enfourchement de manière que l'assemblage soit bien juste ce qui est indispensable pour la solidité.

---

1. Voir la description des assemblages à queues (pl. 8 et 9).

Pour renvoyer le pied comme l'indiquent les figures 2 et 5, on tire la ligne *a b* (fig. 2) sur le plan du pied et on trace la base du pied 2, 3; il suffit d'abaisser les lignes verticales à la ligne *a b*, 1, 2, 3, 4, 5. Les lignes 1, 4 et 5 donnent les arêtes du haut et 2 et 3 les arêtes du bas; pour le tenon et l'enfourchement même principe comme le donnent les lignes pointillées.

La figure 5 est le renvoi du pied pour l'assemblage.
— 6 donne une partie du dessus avec la coupe.

Le dessus est encadré d'onglet.

La figure 7 donne le profil de la ceinture 1/2 d'exécution.

§ 19. TABLE DE SALON AVEC ENTRE-JAMBE.

(Style Louis XIII).

(*Planche* 29)

Dans le bas des pieds de cette table il y a une partie carrée pour recevoir l'entre-jambe. Sur la face de la ceinture, il existe un tiroir chargé d'ornements. Les traverses des bouts sont cintrées en plan. Il est poussé une élégie sur la ceinture qui forme petit cadre. Sur le milieu de la longueur de la traverse de ceinture du devant et du derrière, il existe une partie de godrons qui forment ressaut aux extrémités. Le dessus ne forme ressaut que dans les extrémités de la partie droite. La tête des pieds est ornée d'une table saillante à biseau, et forme saillie sur la ceinture.

La figure 1 donne, d'un côté, le plan sur le tiroir et de l'autre, le plan sur l'entre-jambe.

La figure 2 est la vue d'ensemble;
— 3 — le plan de l'entre-jambe;
— 4 — la coupe sur le devant;
— 5 — la coupe sur le derrière;
— 6 — le profil du dessus et de la ceinture 1/2 d'exécution.

Les plans et coupes donnent tous les renseignements nécessaires pour la construction de cette table.

§ 20. TABLE DE SALON (style Louis XIV).

(*Planche* 30)

Principe pour établir le plan d'une table Louis XIV avec ses développements :

Pour établir le plan de cette table (fig. 1) on commence par donner le diamètre, la longueur *a b* et la largeur *c d*. Une fois la dimension obtenue, on tire une ligne à 45° dans chaque angle, suivant les lignes qui forment le diamètre. Pour trouver cette ligne, lettre *e*, qui part de l'angle, vous ouvrez votre compas à volonté, vous en mettez la pointe à l'angle lettre *f* et vous donnez les points 1 et 2 ; de ces points, vous faites une section 3. De ce point à l'angle *f*, vous tirez une ligne qui sera à 45°. Du point 4, comme centre pour établir les coins ronds, vous tirez une ligne qui sera également à 45°. Dans les tables de cette dimension on compte de 12 à 15 centimètres la distance que l'on met de l'angle *f* au point 4. Vous tirez ensuite une ligne qui donne les ressauts. On trouve cette ligne en rapportant avec le compas la distance du point 4 à l'angle *f* aux points 5 et 6. De ces points on tire une ligne qui doit passer par le point 4, de cette façon on obtient une ligne verticale à la ligne *ef*. Une fois ces points donnés, vous établissez vos coins ronds en rapportant la saillie de la moulure de dessus en dehors de 5 et 6, ce qui donnera la ligne 7 et 8 (voir à l'angle *h*), de cette manière vous donnez le ressaut que bon vous semble, mais il ne faut pas que la pointe du ressaut dépasse de beaucoup le coin rond (voir la lettre *i*, fig. 8, angle *h*).

Pour le contour du dessus de la table, il suffit de faire un calibre pour la moitié de la longueur et la moitié de la largeur. On commence par diviser en trois parties la distance qui existe entre la ligne 8 et la ligne *b*. On obtiendra ainsi les points 1 et 2; de ces deux points on tire des lignes d'équerre suivant la ligne *h b*. Sur la ligne 2, que l'on vient de tracer, on porte une distance de 5 à 6 centimètres. Notre dessin étant à 10 centimètres par mètre, il existe 5 millimètres entre le point 2 et *o*. On divise cette distance en deux et on obtient la ligne *v v*; cette ligne, qui coupe en deux la ligne 2 à *o*, va rejoindre la ligne 1, mais elle doit être parallèle à la ligne *h b* et elle donnera le point *y*. Du point *o* vous faites une circonférence qui ne dépasse pas le point *y* et la ligne 8. Ensuite, avec la même ouverture de compas, vous portez la pointe sur le point 8 et vous décrivez un demi-cercle dans la circonférence que vous venez de tracer. Après, vous reportez votre pointe sur le point *y* et ensuite vous faites une circonférence. Du point *b*, ces circonférences et demi-cercles ont produit des jonctions; la circonférence de la lettre *o* avec les demi-cercles *y* et 8 nous font trouver les lignes *z z* et *x x*; ces lignes passent sur les jonctions et, poussées à l'infini, viennent se croiser ensemble et font le point *k*. Du point *y* vous faites un demi-cercle du côté du point *b*, cela formera une jonction où passera la ligne *w w*, la ligne prolongée ira trouver la ligne *a b* et fera le point *s*. Voilà tous les points nécessaires pour faire la moitié de la largeur de la table. Pour la longueur, c'est le même principe. Pour décrire la courbe de *y* à 8, vous mettez la pointe du compas sur le point *k*, vous l'ouvrez jusqu'au point *y* ou 8 et vous décrivez la ligne courbe qui doit passer par le point *o*. Pour décrire la courbe de *y* à *b*, vous pointez le compas sur le point *s* et vous allez rejoindre le point *b*. Décrivez cette ligne qui vient faire jonction avec le point *y* et l'opération est terminée.

Une fois la forme du dessus terminée, vous établissez la ceinture et les pieds. La ceinture doit être parallèle au dessus et les pieds d'équerre à l'intérieur. Ensuite vous indiquez l'assemblage des traverses de ceinture dans les pieds. Ces assemblages sont à queue et à entonnoir, mais sur le plan on ne peut établir que la tête des pieds. Pour établir le bas des pieds, il faut en faire la coupe. On abaisse la ligne *s* (fig. 7 et 10), qui est le corroyage intérieur, et ensuite la ligne *o*, qui est l'extérieur du pied. Pour la hauteur du pied (fig. 10) vous tirez la ligne horizontale *i* et vous prolongez la ligne *s* pour obtenir la lettre *t*. Le dessus de la volute du bas ne doit se trouver qu'à 8 ou 10 centimètres du sol. La ligne *s* vous donnera, par conséquent, le devant du pied à sa base lettre *t*. La partie creuse doit être un peu plus longue que la partie ronde, de façon que le pied soit un peu élancé, car autrement la table aurait l'air de s'affaisser.

Lorsque vous aurez terminé le profil du pied (fig. 10) avec son épaisseur qui correspond au plan, vous élevez la ligne de l'arasement de l'entre-jambe qui se trouve à la figure 10, lettre *m*, et qui donne la lettre *m* sur le plan (fig. 7). Cette ligne *m* vient couper la ligne qui se trouve dans l'angle lettre *n*; à la jonction de cette ligne, vous la retournez d'équerre ce qui donnera la ligne 1-2.

Ensuite, sur la ligne 1-2 (fig. 10), vous prenez l'épaisseur du pied et vous rapportez cette distance sur la ligne 1-2 (fig. 7) et sur la ligne *m t* en partant de la ligne *n* ou du moins de la ligne oblique (fig. 7). De cette façon, vous pouvez établir l'entre-jambe en plan dont la ligne 1-2 et la ligne *m* vous donnent l'arasement.

Comme dessin, l'entre-jambe doit toujours rester dans les profils Louis XIV. Quant au découpage, c'est une question de convenance, car on peut faire les entre-jambes de différentes manières sans sortir du style.

Pour renvoyer la figure 4, qui est un pied vu du côté de l'assemblage, il est nécessaire de faire sortir cette figure du plan afin de ne pas confondre une ligne avec une autre.

Sur le plan où est figuré le pied qui doit servir pour en faire le développement, vous tirez des lignes horizontales que vous prolongez à la distance où vous allez développer le pied ; ces lignes portent les lettres *a b c d e f h*. A la ligne *h*, vous faites un point lettre *x*. Vous tirez une ligne verticale qui sort du plan et descend à l'infini. Du point *x*, vous prenez la distance de la ligne *f* et vous décrivez un quart de cercle pour rapporter cette distance à la ligne horizontale, lettre *h*. Vous opérez de même pour toutes les autres lignes que vous faites tomber en lignes verticales et qui vous donnent exactement les mêmes points que ceux qui existent sur le plan.

Pour la hauteur de l'assemblage, vous prenez sur la figure 10 les lettres *i j*. Vous rapportez cette distance sur la ligne *f*; vous tirez une ligne horizontale ligne *i*; vous rapportez la hauteur de l'assemblage en dessous de la lettre *i* et cela vous donnera la lettre *j*.

La lettre *f* donne l'intérieur du pied, la lettre *e* l'intérieur de la ceinture, *d* et *e* les assemblages, *b*, l'extérieur de la ceinture à l'endroit de l'arasement, et *a* l'extérieur du pied à la partie la plus saillante.

Quant à son profil sur la hauteur, c'est le même que celui du pied (fig. 10) ; seulement, il est vu de l'intérieur.

Pour débillarder, on fera un calibre suivant la lettre *a*. Des lignes extérieures, avec ce calibre disposé sur deux faces, vous donneront le profil d'angle.

Les lettres *q* et *r* sont les lettres qui servent pour le découpage.

Le corroyage des pieds se faisant à l'intérieur, les assemblages doivent également être guidés de l'intérieur.

Pour les traverses de ceinture, vous faites un calibre pour la longueur et la largeur. Comme le chantournage n'est pas bien accentué, on peut le faire d'une seule longueur.

§ 21. TABLE DE SALON (style Louis XV).

(*Planche* 31)

Principe pour établir le plan d'une table Louis XV avec ses développements.

Le tracé de ce plan réclame une très grande attention.

On commence par tirer une ligne horizontale *A B* sur la longueur que l'on veut donner à la table. Vous divisez cette longueur en deux parties et on obtient ainsi le point *X*. A ce point, vous tirez une ligne verticale ou du moins d'équerre, avec la ligne *A B*. Sur cette ligne qui sera la ligne *C D* vous donnerez la largeur de la table en portant la moitié de chaque côté du point *X* sur la ligne *C D*. On fera ensuite passer un ovale par ces points.

Nous donnons ces détails de géométrie parce que ces figures s'oublient facilement.

Le point *X* donne l'axe sur la longueur ainsi que sur la largeur. Pour l'instant, nous n'avons que deux lignes la ligne *A B* et la ligne *C D*. Vous tirez une ligne du point *D* au point *B*. Cette ligne sera oblique. Prenez la distance de *C* à *X* que vous reportez sur la ligne *X B*, qui donne le point *E*. De ce point à la lettre *B* vous prenez cette distance que vous rapportez sur la ligne *D B* en partant du point *D* qui vous donne le point *F*, ensuite divisez la longueur du point *F* au point *B* en deux parties, ce qui donnera le point *h*. De ce point, vous tirez une ligne verticale. Pour l'établir, de chaque côté du point *H*, vous faites un point à la même distance qui donne les points 1 et 2 ; de ces points, et en ouvrant votre compas à volonté, vous décrivez un arc de cercle qui vous donne le point 3. Du point 3 au point *H*, vous tirez une ligne à l'infini qui est verticale sur la ligne *B D*. Sur son passage cette ligne coupe la ligne *X B* et la ligne *C X* qui forment les points *I J*, ensuite vous les doublez sur la même ligne en prenant ces distances sur le point *X*. Ainsi du point *X* à *T* vous rapportez la distance du point *X* à *K*, et de *X* à *J*, vous la rapportez de *X* en *L*, ensuite de ces points vous tirez des lignes. De la lettre *L* à *I*, vous tirez une ligne à l'infini, vous en tirez une également de *L* à *K* et de *K* à *J* et vous aurez de la sorte quatre lignes. Avec ces quatre lignes vous tracez l'ovale.

Pour les bouts, vous pointez le compas de la lettre *I* à la lettre *B* et vous décrivez l'arc de cercle qui va de la ligne 3 à la ligne 4. Sans déranger le compas vous en faites autant de l'autre bout du point *K* et vous tracez l'arc de cercle qui va de 5 à 6.

Pour les côtés, vous ouvrez le compas de *J* à *D* ou de *L* à *C* ; vous pointez votre compas sur le point *L* ou sur le point *J*; si c'est du point *J* vous décrivez l'arc de cercle qui va de 3 à 6, et si c'est du point *L*, vous décrivez celui qui va de 4 à 5.

Pour que l'ovale soit bien exécuté, il faut que la rencontre des lignes courbes se fasse sans jarrets.

L'emplacement des pieds se trouve naturellement. Ils sont représentés par les chiffres 3, 4, 5 et 6. Pour les établir, voir la lettre *Q*. Il faut que les lignes de corroyage 7, 8, 9 et 10 soient parallèles aux lignes *AB* et *CD*. Vous disposez le pied à la distance de la ligne circulaire de la saillie du dessus. Lorsque les quatre pieds sont tracés à leur place, on trace la ceinture.

Il faut faire bien attention à la manière d'établir cette ceinture. Il va sans dire qu'on doit la mettre en arrière de la saillie du dessus. Vous tirez, par conséquent, une ligne de l'arasement du pied *Q* au point *R* ; vous divisez cette ligne en trois parties. Au point le plus près du pied vous faites le point *s*. C'est à ce point que doit avoir lieu la jonction des deux lignes courbes qui donneront le contour de la traverse de ceinture. Pour faire la courbe la plus grande qui est la partie arrondie de la traverse, vous procédez de la manière suivante; vous ouvrez le compas à volonté en plaçant la pointe sur le point *s* et vous décrivez un arc de cercle de chaque côté de la ligne *sr* ; vous reportez la pointe du compas sur le point *r* et vous rejoignez les arcs de cercle que vous avez faits étant sur le point *s* ; ces deux arcs de cercle donnent le point *o*. Ensuite vous tirez une ligne qui passe par ces points et vous la prolongez jusqu'à la rencontre de la ligne *CD*; cette jonction vous donnera le point *u* ; vous ouvrez le compas du point *u* au point *r* et vous faites la ligne courbe de *r* à *s*.

Vous opérez de la même façon pour faire la ligne qui

va de *s* à *q*. Au point *s* vous tracez un arc de cercle de chaque côté de la ligne, ensuite vous reportez la pointe du compas sur l'arasement *q* et vous allez rejoindre les arcs de cercle qui vous donneront les points *v v*. Vous faites passer une ligne que vous prolongez jusqu'à la rencontre de la ligne 9 et 10, et qui vous donnera le point *y*. Du point *y* au point *s* vous ouvrez votre compas et vous tracez la ligne creuse qui va de *s* à *q*.

Pour les bouts, c'est la même opération. Vous vous servez des mêmes points pour toutes les lignes qui sont parallèles. Pour la ligne intérieure de la ceinture et la ligne extérieure du dessus, on n'a qu'à ouvrir le compas plus ou moins.

Pour terminer le plan par terre de la table, l'arrondi des pieds se fait au compas. Vous tracez les assemblages et ensuite l'entre-jambe, mais avant il faut faire la coupe du pied (fig. 2). On la fera d'après les mêmes principes que pour la table Louis XIV (pl. 30).

C'est le plan parterre qui a donné la largeur du pied ainsi que la ligne d'arasement lettre *b*. Sur la coupe de l'entre-jambe ligne *A* (fig. 2), vous élevez cette ligne au plan qui donnera le joint *a ;* de cette façon vous avez l'arasement de l'entre-jambe sur le plan. Toutes les lignes qui montent au plan ont une lettre qui sert pour le développement du pied (fig. 3). La lettre *e* donne l'extérieur du pied à l'assemblage ; la lettre *e* donne l'extérieur du pied dans la partie basse ; la lettre *b* donne l'arasement à la ceinture ; la lettre *d* donne le pied à l'intérieur à la hauteur de l'entre-jambe et la ligne *a* donne l'arasement de l'entre-jambe. Quant aux autres lignes, ce sont les détails des ressauts qui existent sur le plan et que l'on descend pour faire la vue d'ensemble.

Pour le développement de la figure 3, il faut établir une ligne à 45° afin de bien renvoyer le pied d'équerre suivant la ligne diagonale du pied. Pour établir cette ligne, vous tirez une ligne horizontale *zz* sur laquelle vous fixez un point bien avant du pied; de ce point, vous pointez le compas et vous l'ouvrez de façon que la ligne oblique qui doit partir de ce point passe devant le pied et vous faites un quart de cercle ; ensuite, du point où était la pointe du compas, vous montez une verticale qui vient couper votre quart de cercle et forme une jonction. De la jonction du quart de cercle, avec la ligne horizontale et la ligne verticale, vous tirez une ligne *ww* qui est à 45°. Toutes les lignes qui sont renvoyées pour faire le développement du pied sont verticales sur la ligne *w*.

Il est aisé de remarquer que les lettres qui sont représentées sur le développement du pied correspondent avec les lettres de la figure 2. Ainsi la lettre *b*, qui est l'arasement intérieur de la ceinture, est descendue d'après le plan ; de même tous les détails qui existent sur le plan sont descendus au développement.

La hauteur du pied doit être prise sur la figure 2.

Les lettres *f*, *h*, *i*, sont renvoyées de la même façon.

La figure 5 représente une traverse des bouts dans laquelle on peut mettre des tiroirs.

§ 22. TABLE A AILES AVEC TIROIRS SERVANT DE SUPPORTS.

(Style Louis XIII.)

(*Planche* 32)

Cette table est munie de petits pieds tournés et sculptés.

L'entre-jambe et la ceinture sont absolument semblables à celles des tables d'antichambre, seulement les tiroirs sont dans les bouts. Ces tiroirs servent de supports pour maintenir les ailes que l'on rapporte. Le contre-profil que l'on pousse aux ailes et qui épouse le profil du dessus de la table suffit pour maintenir l'aile (fig. 9). Mais pour brider l'aile contre la table, on est obligé d'établir, sur chaque côté du tiroir, une équerre que l'on pose avec deux vis (fig. 5). Sur le bout de la ceinture qui se trouve de chaque côté du tiroir, on établit un ressort, en s'arrangeant de manière que, pour arriver avec le tiroir qui possède les trous sur le champ pour recevoir les chevilles, lettre *a*, qui sont dans les ailes, l'on soit obligé de forcer sur le ressort jusqu'à ce que l'équerre vienne se poser dessus. Donc, plus vous tirez le tiroir, plus le ressort oppose de la résistance. Une fois que les chevilles sont dans leur trou, il est tout naturel que le tiroir ne demande qu'à retourner à sa place par la raison que les ressorts le tirent en arrière. De cette façon les ailes sont toujours bridées contre la table.

La partie de ceinture que l'on met de chaque côté du tiroir a pour objet de le raccourcir. Du moment que les ailes sont circulaires, il faut que le tiroir soit étroït pour qu'il puisse sortir davantage. Mais si les ailes sont carrées, on peut faire aller le tiroir d'un pied à l'autre.

Le reste du travail est comme dans les autres tables :

La figure 1 donne le plan de la table avec ses développements ;
— 2 donne la vue de face avec les ailes rapportées et un tiroir servant de support ;
— 3 est le plan de l'entre-jambe ;
— 4 — une coupe sur la longueur ;
— 5 — une coupe sur la largeur ;

La figure 6 est le plan sur le pied, la traverse et le tiroir (demi-grandeur) ;
— 7 est un profil du dessus ;
— 8 — un profil de l'entre-jambe ;
— 9 — le contre-profil des ailes.

§ 23. PETITES TABLES DE FANTAISIE.

(Henri II et Louis XVI.)

(*Planche* 33)

La figure 4 est le plan de la figure 1. Cette table a quatre pieds. Deux par derrière, lettre *a*, et deux par devant, lettre *b*. Les traverses de côté sont cintrées en plan d'un bout. Le tiroir va d'un pied à l'autre et forme traverse de ceinture. La tablette qui vient s'assembler dans les pieds sert d'entre-jambe. Les corps de moulures de cette table sont en cuivre doré et ils sont maintenus par des petits clous. C'est l'ébéniste qui ajuste ces moulures.

La figure 1 est la vue d'ensemble ;
— 2 — la coupe ;
— 3 — la vue de côté.

Nous ne nous étendrons pas dans de grands détails au sujet de ces tables qui sont très faciles et très simples à établir.

La figure 7 est une petite table carrée Henri II avec quatre pieds, quatre traverses et une tablette d'entre-jambe. La figure 8 représente le plan de cette table.

La figure 10 est une table Louis XVI garnie de cuivre. Elle se compose de quatre colonnes et de deux tablettes d'entre-jambe. Les moulures rapportées dans la ceinture forment une frise dont le panneau est garni de cuivre. Les moulures des tablettes sont de même. La figure 11 est le plan de la table.

La figure 13 est une petite table style Henri II, composée de quatre pieds, de quatre traverses de ceinture en archivolte et de deux tablettes d'entre-jambe. La figure 14 en est le plan.

La figure 6 donne la coupe grandeur d'exécution de la partie supérieure de la figure 1.

La figure 9 donne la coupe demi-grandeur de la partie supérieure de la figure 7.

La figure 12 donne la coupe de la partie supérieure de la figure 10.

La figure 15 donne le profil du dessus de la figure 13.

§ 24. JARDINIÈRES.

(Style Henri II et Louis XVI.)

(*Planche* 34)

La figure 3 donne l'ensemble de la jardinière style Henri II. Ces jardinières ne sont, en réalité, que des boîtes habillées. Toutes les moulures, ainsi que la sculpture, sont rapportées; les coupes en démontrent suffisamment la manière.

La figure 2 donne le plan sur le patin qui est renvoyé d'après la figure 1 (voir les lettres *a*, *b*, *c*, *d* et ainsi de suite);

La figure 8 représente une jardinière style Louis XVI, qui est moins difficile à exécuter que la précédente;

La figure 9 en donne le plan ;
— 10 — la coupe ;
— 11 — la vue de côté ;
— 12 — le plan de l'entre-jambe.

Voici la manière d'exécuter la boîte de la jardinière :

On commence par établir le plan comme l'indique la figure 4. Une fois que le plan est fait, il suffit ensuite de faire le développement d'un bout ou d'un côté, du moment que la pente est la même sur les deux faces. On abaisse les lignes *a*, *b*, qui donnent les chiffres 1 et 2, figure 5 ; ensuite, pour faire la figure 6, on tire une ligne *l* (fig. 6), parallèle à la ligne *b* (fig. 4). Après, on prend, soit sur le dessus, soit sur le dessous, l'intervalle qui existe entre les lignes 1 et 2 (fig. 5), que l'on porte sur la figure 6 du point 2 au point 1 et du point 3 au point 4. Ensuite, de la figure 4, on prolongera les lignes *e*, *f*, *c*, *d*, à la figure 6. Les lignes *c*, *d* couperont les lignes 1 et 2 et les lignes *e*, *f* couperont les lignes 3 et 4, ce qui donnera quatre points de chaque bout. On tire une ligne d'équerre suivant les lignes obliques, on prend ensuite l'épaisseur du bois (voir les lettres *a*, *b*, fig. 4) que l'on rapporte sur la figure 6, et d'un trait à l'autre, on tire une ligne qui part d'un côté de la ligne 5 et va rejoindre la ligne 6. C'est ce qui donnera l'équerrage en bouts, car il faut que le joint intérieur et extérieur soient bien. La ligne 5 marque l'intérieur de la boîte et la ligne 6 l'extérieur; la distance de *l* à *m*, figure 6, est la largeur totale du bois pour établir la jardinière telle que la coupe l'indique.

§ 25. TABLES A OUVRAGE.

(*Planche* 35)

Notre planche 35 donne plusieurs modèles de tables à ouvrage.

La figure 1 représente une table à ouvrage genre moderne, avec ferrures à compas, vue de face. Elle est munie de deux petits tiroirs chargés d'une table saillante et au-dessus il existe une autre table saillante simulant un grand tiroir. Elle est également pourvue d'un casier intérieur, ainsi que le démontre la coupe, figure 2, et possède quatre pieds avec entre-jambe.

Les figures 3, 4 et 5 donnent les détails demi-grandeur d'exécution des figures 1 et 2, avec la démonstration de la ferrure à compas. Cette ferrure sert à maintenir le dessus en angle droit. La gâche, figure 5, est posée sur le champ de la traverse de la table ; elle doit toujours être entaillée très juste de façon à être solide. A part l'entaille de la platine, l'on fait une mortaise pour le va-et-vient du compas, qui est fixé dessus au moyen d'une platine. Dans la figure 3, le dessus est levé pour permettre de bien voir le mécanisme de la ferrure, et dans la figure 4, il est fermé. La figure 5 donne la gâche dans laquelle glisse le compas.

La figure 6 représente une table à ouvrage style Renaissance, vue en perspective, avec le dessus fermé.

La figure 7 donne la même table, mais le dessus est levé et les casiers sont tirés.

Cette table est montée sur quatre pieds réunis à leur partie inférieure par des traverses d'entre-jambe.

La ferrure du dessus est à charnière; le tiroir à compartiments, qui occupe le corps du haut, est à coulisse, ainsi qu'on peut le voir dans la figure 7.

La figure 8 donne une table à ouvrage, style Louis XVI, d'une composition très élégante, ainsi qu'on peut en juger par le dessin qui la représente.

§ 26. TABLES ET SIÈGES.

(*Planche* 36)

Des Pliants.

L'usage du pliant remonte à la plus haute antiquité; c'est du reste le siège le plus simple comme construction. Il ne consiste, en effet, qu'en deux châssis, lesquels entrent l'un dans l'autre et sont arrêtés ensemble au milieu de leur hauteur par des axes ou boulons qui leur laissent la liberté de se mouvoir autant que peut le permettre l'étoffe. Celle-ci est arrêtée aux deux traverses ou emboîtures du haut, et forme le dessus du siège qui est, à proprement parler, appelé pliant à cause de la facilité qu'il a de se mouvoir et de se plier en deux en relevant l'étoffe au-dessus. De cette manière les deux extrémités intérieures des emboîtures viennent s'appliquer l'une sur l'autre lorsque l'appareil est fermé, ce qui permet de le transporter plus commodément et lui fait occuper beaucoup moins de place. Ordinairement, dans les pliants soignés les boulons qui retiennent les deux châssis ne sont pas apparents; on les place à moitié bois dans des trous percés sur la face intérieure du châssis le plus large et sur la face extérieure du châssis le plus étroit. Cette manière de procéder est évidemment plus élégante, mais en même temps moins solide, et elle présente de grands inconvénients lorsqu'un des boulons vient à casser, parce qu'alors on ne peut démonter le grand châssis pour remplacer le boulon, qu'en détruisant en partie au moins l'ouvrage du tapissier. C'est ce qui fait qu'on préfère dans les ouvrages soignés de mettre des boulons qui passent franchement au travers des pieds, et dont la tête est travaillée de manière à servir d'ornement.

Les pliants furent originairement très simples; ensuite on les orna d'ouvrages de tour, enfin de sculptures. Pour leur donner plus d'élégance, on chantourna les pieds et on les fit entrer en entaille les uns dans les autres afin d'obtenir deux châssis d'égale largeur, comme le montre notre planche 36 qui donne un pliant style Louis XIV.

La hauteur des pliants est ordinairement de 35 à 40 centimètres, ce qui donne de 50 à 55 centimètres de longueur aux battants, y compris l'emboîture; quant à la largeur, elle est à peu près la même que leur hauteur, cependant pour la commodité on leur donne parfois 8 à 10 centimètres de largeur en plus, ce qui augmente la longueur des battants dans la même proportion.

Des Tabourets.

Les tabourets sont de petits sièges sans dossier ni accotoirs composés de quatre pieds, de quatre traverses de ceinture ou de siège, et quelquefois d'une entretoise par le bas, pour retenir l'écart des quatre pieds.

Notre planche 36 donne l'élévation perspective d'un tabouret Louis XIV. Pour donner plus de solidité, on fait passer les bouts des pieds, ce qui évite de faire un épaulement à la traverse et conserve toute sa force à l'assemblage, qui en a d'autant plus besoin, qu'aux tabourets de ces styles il n'est pas possible de mettre d'entretoises. Cependant l'entretoise est de toute utilité pour les meubles qui doivent être souvent remués et par conséquent présenter une grande solidité; il est au reste facile en chantournant l'entretoise, en la couvrant de sculptures et de moulures, d'en faire un motif même d'ornementation.

La hauteur des tabourets est ordinairement de 35 à 45 centimètres, du dessus des traverses, sur la même largeur. On en fait aussi de très bas depuis 22 centimètres de hauteur, à l'usage des enfants.

On fait encore de petits tabourets qu'on nomme plus couramment marche-pieds ou petits-bancs et qui ne servent qu'à soutenir les pieds. Ceux-ci ne doivent pas avoir plus de 16 centimètres de hauteur.

Des Chaises.

Les chaises, proprement dites, diffèrent des tabourets en ce qu'elles ont des dossiers, lesquels montent de fond de dessus les pieds de derrière jusqu'à la hauteur de 50 à 60 centimètres au-dessus du siège, afin qu'on puisse s'y appuyer commodément les épaules sans que la tête y porte en aucune manière. Ces dernières mesures s'appliquent surtout aux chaises Louis XIV, Louis XV et Louis XVI, car antérieurement, au contraire, dans les styles Henri III et Renaissance, le dossier des chaises est fort élevé, ce qui contribue à leur donner l'aspect ample et grave qui forme le caractère de ces époques. Dans les styles postérieurs jusqu'à la Révolution, les dossiers des chaises sont bas et les sièges très larges, ce qui était nécessité par les costumes, surtout celui des dames, qui d'un côté ne devaient pas en s'appuyant sur le dossier détruire l'édifice souvent fort compliqué de leur coiffure, et de l'autre devaient trouver dans le siège une place suffisante pour loger commodément robes et paniers qui atteignaient d'énormes proportions.

Les deux chaises que nous donnons planche 36 sont du style Louis XV. Il est bien évident que c'est plutôt à titre de spécimen et pour montrer où peut entraîner l'oubli des règles du bon sens que nous donnons la figure de droite. On peut toutefois en la simplifiant en tirer un modèle gracieux et pratique.

Des Tables.

Les deux tables que présente notre planche 36 font bien ressortir la différence des principes qui régissent l'ameublement à deux époques différentes. L'une est du pur Louis XIV, surchargée d'ornements, on pourrait dire d'inutilités ; elle rappelle les pompes du grand roi ; c'est un modèle achevé d'un meuble de cour qui sert beaucoup plus à l'ornementation d'une vaste salle d'apparat qu'à un usage véritablement utile. L'autre appartient au contraire au genre Renaissance, époque Louis XIII ; les formes ont une simplicité qui n'exclut ni la grâce, ni l'élégance, et cependant c'est une table pratique et dont on peut faire un usage sérieux, sans craindre de la détériorer. Il est vrai de dire que la première est destinée au salon et ne se comprend bien qu'exécutée en bois doré, que la seconde, au contraire, est destinée à l'antichambre et veut être construite en chêne vieilli ou en bois noirci. Elle peut, par suite, recevoir des objets assez lourds et servir même à des usages journaliers, comme par exemple à desservir un dîner. Dans cette table Louis XIII, la ceinture contient deux tiroirs avec pendentifs d'acier pour les tirer. Dans ce genre de table l'entre-jambe est indispensable, parce qu'il est de fatigue et doit avoir un aspect corsé et un peu fort. Le mérite artistique de ces tables consiste dans la pureté des profils et tournages. Celle que nous donnons comporte peu de sculptures; elle appartient quelque peu au style Flamand. Les bouts des tiroirs coupés à vif, glissent le long des modillons, qui semblent attacher et consolider la ceinture par distances, et reposent l'œil en formant repaire et en brisant la ligne. Ces modillons jouent d'ailleurs un rôle sérieux dans la construction; ils dissimulent les assemblages des pieds et de la division des tiroirs.

CHAPITRE CINQUIÈME

DES BUREAUX ET DE LEUR CONSTRUCTION

Les bureaux sont généralement composés d'une sorte de table soutenue par quatre pieds. Il y a des bureaux de toutes grandeurs, depuis $1^{m},30$ jusqu'à $1^{m},50$ et même 2 mètres de longueur sur une largeur proportionnée à leur longueur, depuis 60 cent. jusqu'à 1 mètre.

Les pieds des bureaux se font de différentes formes, avec ou sans tiroirs ; mais dans l'un ou l'autre cas, il faut qu'ils n'aient de hauteur du dessus de la table que 75 cent. au plus, afin que toute personne puisse y travailler à son aise.

La construction des pieds des bureaux ordinaires n'a rien de particulier, du moins tant qu'à l'extérieur, étant, ainsi qu'aux autres tables, composés de quatre pieds et de quatre traverses, dans lesquelles on place des tiroirs et des tables à coulisses.

Les dessus ou tables des bureaux sont composés d'un bâti d'environ 10 cent. de largeur sur 25 à 35 millim. d'épaisseur, assemblé à bois de fil d'onglet et rempli par un panneau de sapin, qui doit être renfoncé en dessus d'environ 3 millim. au plus, afin de laisser la place de la basane, qu'on colle ordinairement dessus, et qui doit affleurer avec le bâti du pourtour de la table. Cette manière de remplir les dessus des bureaux est la plus ordinaire ; cependant je crois qu'il vaudrait beaucoup mieux, pour la solidité de l'ouvrage, qu'au lieu de panneaux, soit de sapin ou même de chêne, on remplît le milieu de ces tables avec des bâtis d'assemblage en forme de parquet. Cette seconde manière de construire les dessus de bureaux est un peu plus compliquée et plus coûteuse que la première ; mais elle a l'avantage d'être beaucoup plus solide, ce qui est fort à considérer, surtout quand les bureaux sont d'une certaine importance.

Les bureaux sont ordinairement garnis de tiroirs sur la largeur. En général, ils sont disposés comme suit : à gauche deux tiroirs, à droite un seul ; celui-ci contient la caisse à argent ; il est nécessairement aussi haut et aussi large que les deux autres auxquels il fait pendant. Pour la parfaite symétrie, on dispose sur le panneau extérieur les moulures de façon à simuler deux tiroirs comme à gauche. De plus, on dispose encore un tiroir au-dessus de l'espace destiné à recevoir les jambes.

On peut également garnir les bureaux de trois tiroirs sur la largeur, lesquels ouvrent immédiatement du dessous de la table, lorsque la tablette de dessus est fixe, pour leur donner le plus de profondeur possible, laquelle, dans le cas dont je parle, ne peut être que de 10 à 15 cent., parce qu'il faut qu'il reste au moins 60 cent. d'espace entre le parquet et le dessous de la traverse qui porte les tiroirs, pour passer les jambes.

Cette manière de disposer les tiroirs est bonne, en ce qu'elle leur procure beaucoup de profondeur ; mais elle a le défaut d'être peu solide, et même peu propre ; c'est pourquoi il vaut mieux diminuer la profondeur des tiroirs et mettre une traverse par le haut du pied de la table, de 2 à 4 cent. de largeur, dans laquelle on puisse assembler les montants qui portent les tiroirs, ce qui soulagera la traverse du dessous, qui, lorsqu'elle est seule, porte tout le poids des tiroirs, qui la font ployer ainsi que le dessus de la table, dans lequel on assemble les montants qui séparent les tiroirs, ce qui fait un assez mauvais effet.

En mettant deux traverses, on peut orner les tiroirs de moulures et de sculptures, et même les disposer en forme de frises ou ceintures ouvrant dans les moulures.

Dans ce cas, on peut faire ouvrir la tablette du dessus à coulisses, de manière à lui donner plus de largeur et à pouvoir poser sur la tablette un gradin avec cartonnier ou avec des panneaux. Au centre du gradin, on peut faire une grande niche divisée horizontalement par une tablette. Cette disposition permet d'établir au-dessus du gradin une galerie ou fronton qui complète heureusement le meuble.

Il est bon de mettre un faux fond sous les tiroirs, soit qu'il porte immédiatement ces derniers ou qu'ils soient placés plus bas. Ce faux fond non seulement empêche la poussière d'entrer dans l'intérieur des tiroirs, mais encore sert à les fermer d'une manière sûre, ce qui est absolument nécessaire dans le cas dont il est ici question.

Quant à la forme et à la construction des tiroirs, il y a peu de chose à en dire, si ce n'est qu'il faut les faire les plus grands et les plus légers possibles, 10 à 15 millim. d'épaisseur à leurs bâtis étant suffisants. Ces bâtis doivent être assemblés à queues d'aronde, au nombre de deux ou trois sur la hauteur, et jamais une seule, ce qui n'est pas assez solide ; il faut aussi observer de placer les queues dans les côtés des tiroirs, afin qu'en les faisant ouvrir on ne les fasse pas désassembler, ce qui pourrait arriver si les queues étaient disposées autrement, c'est-à-dire dans les têtes au-devant des tiroirs et dans les derrières ; il faut aussi observer de laisser une barbe aux côtés des tiroirs, pour remplir le vide de la languette du fond, qu'il faut toujours assembler dans le bâti des tiroirs à rainures et languettes, et non pas à feuillure simple, comme le font ordinairement les menuisiers en meubles, ce qui est peu solide et qu'il faut absolument éviter. Les têtes au-devant des tiroirs doivent avoir au moins 25 millim. d'épaisseur, et on tiendra compte d'un supplément d'épaisseur au cas où ils devront être taillés d'ornements.

§ 1. Bureau plat (Style Henri III).

(*Planche* 37)

Ce bureau est pourvu de quatre pieds tournés[1], ornés de godrons. Au bas, une partie carrée est réservée pour recevoir l'entre-jambe. Une petite table saillante couronne la tête des pieds. De chaque côté du pied il existe une console ornée pour racheter la partie vide. Sous le tiroir du milieu et à chaque extrémité, est fixée une console ornée qui rappelle les consoles des pieds. Ce bureau, quoique simple par ses motifs et moulures, caractérise bien le style Henri III.

Le corps du haut possède quatre tiroirs dont deux à gauche, un au milieu et le tiroir-caisse à droite qui en simule deux et dans lequel il existe une boîte à compartiments pour enfermer l'argent (voir lettre *a*, fig. 3).

Pour la construction de ce bureau, consulter les plans et coupes qui sont plus que suffisants.

---

1. Contrairement à ce qui se fait d'habitude, ces pieds sont placés au centre et en dessous des tiroirs d'extrémité.

La figure 1 donne la vue d'ensemble;
— 2 — le plan sur l'entre-jambe;
— 3 — le plan sur les tiroirs;
— 4 — la vue de côté;
— 5 — la coupe sur les tiroirs du côté gauche;
— 6 — la coupe sur les tiroirs (demi-grandeur d'exécution).

§ 2. Bureau-caisse avec casier.

(Style Renaissance.)

(*Planche* 38)

Ce bureau diffère du précédent par le casier qui se trouve dessus et qui est composé de cinq tiroirs dont deux de chaque côté et un au milieu. Au-dessous de ce dernier, il y a un espace vide. Ce casier est arrêté par des goujons. Comme le bureau précédent, il a deux tiroirs à gauche, un au milieu et un à droite, mais qui en forme deux sur la face. Dans l'intérieur de ce tiroir, il existe une petite case à quatre compartiments qui ont 6 centimètres de haut. Il y a, en outre, un dessus à coulisses qui ferme ce tiroir.

Nous ferons remarquer ici que ce bureau, en raison de sa grandeur, est muni de huit pieds; pour les bureaux de petites dimensions, on ne met que quatre pieds.

La figure 1 donne la coupe sur les tiroirs de milieu;
— 2 — la vue de face, ou d'ensemble;
— 3 — la vue de côté;

La figure 4 donne le plan sur le casier;
— 5 — le plan sur les tiroirs de ceinture;
— 6 — la coupe sur les tiroirs de côté.

§ 3. BUREAU-MINISTRE A CASIER.

(*Planche* 39)

Ce bureau diffère des précédents en ce qu'il est fermé sur les côtés (voir fig. 3), ainsi que sur le derrière (voir fig. 2). Les côtés sont à petit cadre et le derrière à grand cadre, c'est-à-dire le panneau du milieu seulement. Sur la hauteur, le bureau est divisé en trois parties qui sont : le casier lettre *a*, figure 1 ; le tiroir de ceinture, lettre *b*, et le corps du bas, lettre *c*. Dans le casier il y a cinq tiroirs; deux de chaque côté et un au milieu. Dans la partie *b* (ceinture), il y a trois tiroirs sur la longueur. Le corps du bas possède trois tiroirs de chaque côté.

Aux extrémités les pieds sont arrondis, une élégie est poussée et des parclauses forment des petits panneaux (voir lettre *f*, fig. 5 et 6).

La figure 1 est la coupe de côté sur les tiroirs ;
— 2 — la vue d'ensemble ou de face;
— 3 — la vue de côté ;
— 4 — le plan sur les tiroirs du casier ;
— 5 — le plan sur les tiroirs du bas;
— 6 — le plan sur les tiroirs de ceinture;
— 7 — la coupe du dessus et du tiroir central (demi-grandeur d'exécution);
— 8 donne les détails de la plinthe (demi-grandeur d'exécution).

§ 4. Bureau a abattant (Style Louis XVI).

(*Planche* 40)

La figure 1 donne l'ensemble du bureau ; sur la longueur, une moitié est représentée avec l'abattant fermé et l'autre moitié avec l'abattant ouvert, pour montrer la disposition de l'intérieur

La figure 2 donne la coupe transversale du bureau avec son abattant ouvert qui forme ainsi un dessus de largeur convenable pour pouvoir écrire.

La figure 3 est la vue de côté.

La figure 4 donne la moitié du plan sur les tiroirs de ceinture et la moitié du plan sur la partie intérieure de l'abattant.

La figure 5 est le plan de l'entre-jambe.

La figure 6 donne les détails demi-grandeur d'exécution pour la ferrure de l'abattant.

La figure 7 donne la coupe de la partie supérieure demi-grandeur d'exécution.

La figure 8 est le profil du dessus, demi-grandeur d'exécution.

La figure 9 est le plan sur les tiroirs de la partie supérieure.

La partie supérieure se compose, sur la longueur, d'un casier muni de trois tiroirs décorés d'un petit cadre. Le dessus est pourvu d'une galerie unie.

La partie du milieu contient deux tiroirs (voir lettre *d*, fig. 2), un dessus fixe (lettre *e*, fig. 2) et l'abattant. Cet abattant est assemblé à petit cadre et panneau à plate-bande. Sa ferrure est à pivot et le travail est le même que celui d'une porte à briquet. L'abattant est maintenu par cette ferrure ainsi que par la feuillure (lettre *f*, fig. 2 et 6) et la traverse (lettre *i*, fig. 2 et 6).

Sur le devant, la ceinture est composée d'un tiroir qui va d'un pied à l'autre. Par derrière, il existe une partie assemblée dans les pieds qui ferme la partie supérieure. Une traverse soutient le tiroir et un grand congé est poussé derrière la tête pour pouvoir le tirer.

Les quatre pieds de ce bureau sont tournés et ornés de cannelures.

L'entre-jambe est divisée en trois parties : les traverses qui maintiennent l'écartement sur la largeur du meuble et la traverse longue qui est tournée et qui maintient l'écartement sur la longueur.

Pour les détails de la ferrure, voir la figure 6.

§ 5. Bureau-Ministre avec casier et a cylindre,

(Style Henri II.)

(*Planches* 41 et 42)

La construction de ce bureau étant assez compliquée, nous commencerons par donner la nomenclature de toutes les figures représentées sur les deux planches.

Nous prendrons d'abord la planche 41.

La figure 1 donne l'ensemble du bureau vu de face;
— 2 — la vue sur le côté;
— 3 — la vue intérieure du bureau, le cylindre étant ouvert;
— 4 — le plan de la partie supérieure;
— 5 — la coupe sur la ferrure qui fait pivoter le cylindre.

Dans la planche 42 :

La figure 1 est le plan sur les tiroirs intérieurs du cylindre ;

La figure 2, le plan sur les tiroirs de ceinture ;

La figure 3, la coupe du bureau sur les tiroirs de côté ;

La figure 4, le plan des corps du bas qui se trouvent aux deux extrémités du bureau ;

La figure 5, le plan du dessus de la ceinture et la basane ;

La figure 6, la ferrure du cylindre.

Toutes les figures étant ainsi nommées, nous n'aurons plus qu'à suivre la démonstration du travail qui se rapporte à toutes ces figures. Nous allons procéder par ordre pour éviter toute confusion et nous commencerons par la partie supérieure qui est le casier.

Le *casier*, lettre *e*, de ce bureau est composé sur la longueur de quatre montants qui sont décorés d'un ornement dit plume ; entre chaque montant il existe deux tiroirs. Sur la hauteur du casier, ces tiroirs sont ornés d'un petit cadre sur les têtes ; ces petits cadres peuvent être rapportés ou élégis dans la masse ; des parclauses sont rapportées dans l'extrémité. Le bâti qui reçoit ces tiroirs doit être assez fort comme traverse, par la raison qu'il ne fait qu'un corps à lui seul et qu'il n'a pas de point d'appui sur sa longueur ; le cylindre pivote dessous et le moindre tassement l'empêcherait de marcher. C'est pour ce motif que le casier possède l'astragale qui le sépare du cylindre et qui dissimule en même temps le joint. Malgré que ce corps se détache des autres, il ne possède pas de faux fond.

Le dessus du casier n'est pas encadré ; les moulures sont rapportées (voir fig. 3, pl. 42).

Le *cylindre,* lettre *d,* forme encore un corps séparé,

mais il ne peut fonctionner qu'avec le corps de la ceinture en raison de sa ferrure. Du côté intérieur, les montants cylindriques qui se trouvent à l'extrémité du cylindre sont décorés de piastres encadrés entre deux congés. Comme ce sont ces montants qui guident la marche du cylindre sur sa longueur, il est nécessaire qu'ils soient bien droits et bien en verticale suivant le dessus, de façon à ce que le jeu soit bien régulier sur la largeur du cylindre.

La *ferrure du cylindre* est une des plus simples et de celles qui fonctionnent le mieux, par la raison que si le cylindre possède du frottement, ce frottement ne peut se produire que dans ses extrémités; sur son rayon ce n'est pas possible, à moins que le casier qui se trouve au-dessus ne tasse. Ainsi que l'indique la planche 42, figure 3, il existe une plaque de tôle découpée qui, d'un bout, prend la largeur du cylindre et, de l'autre, vient, en se rétrécissant sur le pivot, dans la partie la plus large en prenant toute la largeur du cylindre. Cette ferrure maintient les deux rives du cylindre à égale distance du pivot et, dans sa marche, il est obligé de suivre le rayon de la ferrure.

La pose de cette ferrure est des plus simples : dans les bouts du cylindre, la tôle est entaillée de son épaisseur et le pivot est ferré sur la traverse de ceinture de côté (voir lettre *q*, fig. 3, pl. 42).

Dans l'intérieur du cylindre, il existe cinq tiroirs et un espace vide. Ces tiroirs sont disposés de façon à ne pas gêner la marche du cylindre qui passe par derrière (voir fig. 3, pl. 41 et 42). Derrière les tiroirs et sur les côtés, il existe un taquet pour recevoir le cylindre une fois ouvert (lettre *r*, fig. 3, pl. 42). Le cylindre est à petit cadre; il ne peut être à grand cadre, parce qu'il faut que le jeu qui se trouve sous la traverse du casier soit régulier. La fermeture se fait à l'aide d'une crémone horizontale qui prend les deux montants d'extrémité,

Le *corps de la ceinture*. La ceinture qui forme également une partie détachée comprend le dessus, les tiroirs et l'astragale. Sur la longueur, il existe trois tiroirs et quatre montants qui sont ornés d'une table saillante à biseau avec cannelure au milieu, Sur les tiroirs, un petit cadre est poussé avec plate-bande et sur celui du milieu une petite table saillante avec un motif de sculpture de chaque côté.

Le dessus, qui est à coulisses (voir la fig. 5, pl. 42), est composé d'un bâti fixe qui forme les bouts du dessus (lettre *h*), de la partie du derrière (lettre *s*), et d'une partie mobile (lettre *k*). Pour faire mouvoir cette partie librement, on fait une rainure à moitié de la largeur du dessus (lettres *b*, *d*, fig. 5, pl. 42). L'emboîture de la partie mobile dépasse de 8 centimètres la largeur du dessus. On établit un coin comme celui d'un guillaume, mais plus large. Ce coin est assemblé dans l'emboîture et désaffleure le champ de la profondeur de la rainure (voir lettre *a*). A l'autre extrémité de la rainure, on assemble une petit clef (lettre *b*) dans la partie fixe ; de cette façon il n'y aura pas de frottement sur toute la longueur de la languette ; le coin *a* sert en même temps d'arrêt lorsque le dessus est tiré.

Les *corps du bas* (fig. 1, pl. 41) sont séparés l'un de l'autre par un vide pour laisser le passage des jambes. Ces corps possèdent trois tiroirs sur la hauteur, décorés d'un petit cadre avec plate-bande. De chaque côté des tiroirs, il existe un pilastre mouluré par le bas. Au milieu se trouvent un ornement en forme de plume et au-dessus trois petits macarons, puis une moulure en forme d'astragale et un chapiteau. Dans le bas un socle mouluré supporte le tout. Dans les côtés (fig. 2, pl. 41), il existe un panneau à petit cadre et la ceinture forme frise. La partie du cylindre est pourvue d'un panneau qui épouse d'un bout son contour. Dans le casier du haut, il existe un petit panneau également à petit cadre.

§ 6. Bureau Louis XVI a cylindre avec ferrures a compas.

(*Planche* 43)

Ce petit bureau, à la fois simple et élégant, est dû au style Louis XVI. Comme il est à peu près de même construction, pour la partie supérieure, que le bureau précédent, nous n'entrerons pas dans ses détails afin de ne pas nous répéter. Nous allons seulement indiquer les figures qui donnent tous les renseignements désirables pour pouvoir l'établir.

La figure 1 est la coupe du bureau ;
— 2 — la vue d'ensemble;
— 3 — la vue de côté;
— 4 — la coupe sur le cylindre et sur les tiroirs de ceinture;
— 5 — le plan sur les tiroirs de ceinture;
— 6 — le plan sur les tiroirs de l'intérieur du cylindre;
— 7 — la coupe de la ceinture (demi-grandeur d'exécution);
— 8 — la coupe du dessus de la partie supérieure.

La ferrure du cylindre diffère du précédent en ce qu'il est ferré à compas. Ce dernier est fixé aux traverses de côté (voir lettre *a*, fig. 4) au moyen d'un pivot; de l'autre extrémité, il est vissé en bout du cylindre près de la rive du derrière; il maintient ainsi cette rive à distance du point de centre. Une coulisse en cuivre est établie aux montants d'extrémité pour le devant, mais il faut qu'elle soit bien placée suivant le rayon que décrit le compas. Sur le devant du cylindre et en bout, une simple goupille conduit la rive du devant du cylindre (voir lettre *e*); la lettre *d* est la gâche qui reçoit la crémone. Ce bureau est en deux parties sur la hauteur. La partie du cylindre est maintenue par des goujons. La partie du dessus est pourvue d'une galerie en cuivre.

Les pieds sont cannelés et ornés de petits macarons. Sur la tête des pieds, il existe des cannelures avec chandelles. Les montants de séparation des tiroirs sont de même décoration et un petit culot tourné les termine par le bas. Une petite console élégie formant un panneau triangulaire est placée sous la traverse qui supporte le tiroir de milieu.

§ 7. Bureaux (Styles Louis XIII et Renaissance).

(*Planches* 44 et 45)

La figure 1 donne l'ensemble du bureau style Louis XIII;

La figure 2 est la vue de côté;

La figure 3 donne l'ensemble du bureau Renaissance;

La figure 4 en est la vue de côté;

Pour les détails de la construction de ces bureaux, voir la planche 45.

Ces élégantes compositions, dues à M. Lenoir, doivent être exécutées de préférence en poirier noirci ou en noyer, ce qui permet de donner toute leur valeur aux fines moulures.

Dans le bureau Louis XIII (fig. 1), la ceinture est pourvue de trois tiroirs séparés par des modillons chargés d'une feuille de sculpture. Dans ce modèle il existe, au centre du gradin, une grande niche divisée horizontalement par une tablette. Cette disposition permet d'établir au-dessus du gradin une frise et au-dessus de cette frise un cartouche qui couronne le tout. De chaque côté de la niche, il existe un pilastre en gaine couronné d'un chapiteau. Les parties latérales sont pourvues de deux tiroirs; aux extrémités se trouvent deux pilastres élégis.

Dans le bureau Renaissance (fig. 3), les portes des caissons peuvent s'ouvrir avec les pilastres afin de donner le plus de grandeur possible aux tiroirs ou casiers; elles ferment à clef et les entrées apparentes doivent être en métal poli. Les caissons de ce bureau sont disposés à l'intérieur, d'un côté, pour recevoir des tiroirs et de l'autre côté pour recevoir des registres comme l'indiquent les plans et coupes dans la planche 45. Au-dessus des caissons il existe un tiroir de chaque côté; au-dessus des pilastres se trouvent des tables saillantes en forme de pointes de diamant. Dans l'espace vide destiné à recevoir les jambes, on n'a pas fait figurer de tiroir dans la ceinture afin de donner plus de hauteur pour s'y placer commodément. La partie supérieure est pourvue d'une niche avec une tablette pour pouvoir y déposer des livres ou objets d'art. De chaque côté, il existe un casier pourvu de trois tiroirs. Le haut du meuble est surmonté d'une galerie qui le complète heureusement.

Malgré l'importance et le volume de ces meubles,

l'auteur a réussi à leur donner une certaine légèreté d'aspect en divisant les grandes surfaces de ses différents membres par des pilastres étroits et des moulures fines et très fouillées et malgré ces détails la décoration générale de ces meubles est très simple. Placés ordinairement au milieu d'une pièce, ils sont visibles sur toutes leurs faces et doivent, par conséquent, être bien finis sur toutes leurs parties. Pour établir ces genres de bureau, on devra toujours employer des bois bien secs et de premier choix ; car rien n'est plus désagréable qu'un meuble à portes et à tiroirs dont on se sert tous les jours et qui ne fonctionne pas avec régularité et facilité. Il faut donc soigner ces meubles en toutes leurs parties.

§ 8. Cartonnier a deux corps.

(*Planche* 46)

Le corps du haut de ce meuble est muni de cartons enfermés par les pilastres de côté. Ces pilastres sont ferrés à charnières et serrure qui ferme les cartons.

Le corps du bas se compose de huit petits tiroirs et d'un grand qui forme ceinture. Les pilastres sont semblables à ceux du haut qui forment bâti. Une plinthe forme socle.

Ce genre de meuble se fait généralement en chêne ou en acajou.

La figure 1 est la vue d'ensemble ;
— 2 — le plan du soubassement ;
— 3 — le plan du corps du haut ;

La figure 4 est la coupe sur l'élévation;
— 5 — le profil des cadres des portes du haut et du bas (demi-grandeur d'exécution);
— 6 — le battement (demi-grandeur d'exécution), qui ferme les cartons.

CHAPITRE SIXIÈME

DES BUFFETS ET DE LEURS FORMES

Les buffets sont ordinairement divisés en deux parties sur leur hauteur, à l'endroit de la tablette d'appui, de sorte qu'on peut, lorsqu'on les change de place, les porter chacune séparément, ce qui est très commode, vu qu'étant ainsi divisés ils sont bien moins lourds à transporter.

Le corps du bas du buffet renferme communément une rangée de tiroirs d'environ 10 cent. de hauteur, placés au-dessous de la tablette d'appui, dans lesquels tiroirs on enferme l'argenterie; c'est pourquoi il est bon qu'ils soient renfermés dans un bâti ou caisson. On place ordinairement une tablette au milieu du caisson au-dessus du fond du bas. La tablette d'appui sert de fond au corps du haut, qui doit être plus étroit, ou, pour mieux dire, moins profond que celui du bas de 15 à 18 centimètres au moins, non compris la saillie de la tablette.

La partie supérieure du buffet comprend trois ou quatre tablettes au plus, sur lesquelles on place les plats et les assiettes, et autres choses nécessaires au service de la table; et comme ces plats sont quelquefois très riches ou d'une matière précieuse et fragile, comme par exemple la porcelaine, on les met debout sur ces tablettes, où, pour qu'ils n'y glissent pas, on fait une rainure pour en retenir les bords; ou, ce qui est mieux, on y rapporte un petit tasseau placé à environ 6 cent. du derrière. Les tablettes se font droites et ont ordinairement toute la largeur, ou, pour mieux dire, la profondeur du corps du buffet, moins ce qui est nécessaire pour que les portes ferment aisément.

Quelquefois on les rétrécit au milieu en les chantournant de manière qu'elles aient à leurs extrémités toute leur largeur, afin qu'on puisse y placer commodément des piles d'assiettes. Les arêtes de ces tablettes sont ornées d'une moulure en forme de doucine, et on les pose sur des tasseaux soutenus à l'ordinaire par des taquets ou bien posés sur des crémaillères, ce qui a l'avantage de permettre aux tablettes d'être mobiles.

La largeur des buffets varie de 1^{m},30 à 2 mètres. La hauteur de l'appui doit être à tous de 95 cent. à 1 mètre au plus. Quant à leur profondeur, elle doit être, pour le corps du bas, de 50 à 60 cent. au plus ; et celle du haut, de 15 à 18 cent. de moins qu'à l'autre.

Les buffets peuvent être très riches, tant en ornements d'ébénisterie qu'en sculptures, mais il faut avoir soin que leur décoration soit la plus régulière possible, de manière que tous les champs soient égaux et règnent ensemble, que les cintres, s'il y en a, soient gracieux.

§ 1er. BUFFET-ÉTAGÈRE (Genre moderne).

(*Planche* 47)

Ce genre de meuble se nomme buffet-étagère parce qu'il possède généralement une ou plusieurs tablettes dans la partie supérieure. Celui-ci, où il n'en existe qu'une, est destiné à être placé dans une vaste salle à manger en raison de ses grandes dimensions. Les buffets ordinaires ont de 1^{m},20 à 1^{m},40 de largeur, tandis que celui-ci a $1^m,80$ de largeur, $0^m,65$ de profondeur et $1^m,50$ de hauteur.

Les parties des extrémités sont à coins ronds et le corps du milieu forme ressaut.

Le soubassement se compose de quatre portes, de quatre pilastres et de deux demi-pilastres qui se trouvent aux extrémités de côté.

Sur la ceinture, il existe quatre tiroirs dont ceux des coins ronds sont à pivot (voir le plan, lettre A). Les pilastres de face, ainsi que les demi-pilastres supportent une grande console décorée de feuilles d'acanthe. Ces consoles supportent à leur tour la tablette du haut.

Les lambris ainsi que les portes sont à grands cadres.

Pour l'exécution de ce meuble voir les profils, coupes et détails.

La figure 1 donne la vue d'ensemble;
— 2 — la coupe;
— 3 — le plan;
— 4 — la coupe 1/2 grandeur sur la ceinture;
— 5 — le profil des cadres du lambris de la partie supérieure;
— 6 — le profil des cadres des portes.

§ 2. — BUFFET DE SALLE A MANGER A DEUX CORPS ET A PANS COUPÉS.

(*Planche* 48)

Ce buffet est des plus simples et des plus usités dans le commerce.

Le corps du haut se compose de deux portes vitrées à crossettes, d'une astragale, d'une corniche et d'un acrotère.

Le corps du bas comprend deux tiroirs de ceinture, deux portes, une plinthe et un socle.

Ce genre de meuble se plaque, soit d'acajou, soit de noyer. Les moulures sont rapportées et les côtés sont unis.

La figure 1 donne la vue d'ensemble;
— 2 — le plan du soubassement;
— 3 — le plan du corps du haut;
— 4 — la coupe sur l'élévation;
— 5 — le profil des cadres des portes du haut et du bas.

§ 3. BUFFET STYLE LOUIS XIII.

BUFFET STYLE RENAISSANCE.

(*Planches* 49 *et* 50)

La figure 1 représente un buffet style Louis XIII vu d'ensemble et dont les parties latérales sont arrondies.

Le corps du bas est muni de deux portes au centre et d'une porte à chaque extrémité. Celles du centre sont chargées de petits panneaux, De chaque côté des portes de milieu il existe un pilastre élégi en gaine. Les panneaux de côté sont de même décoration que les panneaux des portes de milieu.

La ceinture du meuble est composée de deux tiroirs.

Les portes de la partie supérieure sont à crossettes en haut et à angles droits en bas. De chaque côté des portes, il existe un pilastre cannelé avec chapiteau. Au-dessus de la porte se trouvent des frises munies de trois petits panneaux.

Un fronton coupé, muni d'un cartouche, couronne le tout.

Dans les angles, au-dessus du soubassement, se trouve une petite partie de lambris munie d'une tablette ; au-dessus, une console termine les côtés.

La figure 2 représente un buffet Renaissance vu d'ensemble.

Le soubassement est pourvu de portes à grands cadres avec panneaux formant table saillante; de chaque côté se trouvent des colonnes. Les portes latérales sont de même décoration que celles de milieu. Dans la frise et au milieu il existe deux tiroirs. Au centre du meuble se trouve une partie vide appelée cave, munie d'une petite galerie pour recevoir la vaisselle; deux petites colonnes supportent la partie supérieure. Les portes de la partie supérieure sont à crossettes avec macarons dans les angles. De chaque côté il existe une colonne, et aux extrémités une console.

La frise du haut est pourvue, au milieu, d'une petite table saillante. Un fronton droit coupé, au centre duquel se trouve une petite partie de lambris, termine le meuble.

La planche 50 donne les plans et coupes de ces deux buffets.

§ 4. BUFFET STYLE RENAISSANCE.

(*Planches* 51 *et* 52)

Le buffet est, à proprement parler, un meuble destiné à renfermer la vaisselle. Mais, depuis de longues années déjà, on tend à lui faire quitter cette modeste fonction pour celle qui était réservée jusqu'alors au dressoir. Dans nos buffets actuels, la partie supérieure est consacrée à la montre, à l'étalage des pièces les plus précieuses de la vaisselle que la maîtresse de la maison veut faire connaître au public. La mode, on le sait, est aux bibelots ; aussi des objets céramiques ou d'orfèvrerie qui n'ont rien à faire avec le service de la table, se rencontrent-ils fréquemment dans les buffets. Le constructeur doit donc leur réserver une place, là où, en réalité, ils n'ont aucun droit de paraître.

Pour qu'un buffet réponde bien au programme, il doit être largement éclairé dans la partie supérieure ; il faut que des flots de lumière viennent frapper les objets précieux qu'elle contient et en fasse ressortir toutes les beautés.

Le modèle donné par notre planche donne bien satisfaction à ces exigences de la mode. Il a, en outre, un aspect vraiment artistique.

Malgré qu'il ait été conçu avec ses sculptures, il serait facile d'en enlever une certaine partie et de le ramener à plus de simplicité, sans qu'il perde sensiblement de ses qualités décoratives.

Il est évident encore qu'on pourrait remplacer la statue qui occupe la partie évidée du fronton par une autre d'un genre plus pacifique. Celle-ci, en effet, semble plutôt destinée à surmonter une armoire à armes et armures qu'une collection d'assiettes et de plats. En la plaçant sur le couronnement de son œuvre, l'artiste a, sans doute, voulu indiquer une des destinations qu'on pourrait, le cas échéant, donner au meuble.

§ 5. Buffet (Style Henri II).

(*Planche* 53)

Notre planche 53 représente un buffet, style Henri II, dont la composition est due à M. Marcal et qui a déjà été exécuté plusieurs fois dans les principales maisons de Paris.

Le soubassement contient deux portes chargées de petits panneaux rentrés. Le panneau du centre est en forme de table saillante avec coquille en haut et en bas. Entre les deux portes il existe un battement, sorte de petit pilastre en élégie.

A chaque extrémité se trouvent deux colonnes en forme de vase duquel sort une plume sculptée enveloppant l'embasement.

Dans la partie vide du dessus, qu'on est convenu d'appeler cave, se trouve un vaissellier servant à recevoir des plats, des assiettes artistiques.

Enfin, le corps du haut se compose d'une partie pleine principale dont le milieu est occupé par un panneau de sculptures représentant une sirène tenant une guirlande de chaque main.

Au-dessus de la porte il existe une frise ayant pour ornement une rosace avec plume de chaque côté. Cette frise est surmontée d'une corniche supportant un fronton rompu ayant au centre un vase avec socle.

Les parties latérales de ce corps du haut sont vides. Une colonne aux extrémités rappelle celles du bas.

Une tablette à galerie divise la hauteur du vide en deux parties afin de pouvoir recevoir des vases ou des pièces d'orfèvrerie. Le haut se termine en forme d'arcade dont le centre est orné d'une clef ou pendentif à clocheton.

Au-dessus il existe une corniche surmontée d'une galerie à balustre qui vient buter sur le fronton.

Les plans et coupes donnés par la planche 55 complètent tous ces renseignements.

§ 6. BUFFET (Style Renaissance).

(*Planche* 54)

Cette planche représente un buffet, style Renaissance, dont la composition est également due à M. Marcal.

Le corps du bas se compose de 3 parties dont elle du milieu, plus large, forme avant-corps avec ressauts. Les panneaux de côté représentent une table saillante surmontée d'une coquille dans le haut et en bas d'un socle à moulures, le tout encadré par une moulure avec arcade dans le haut.

Le panneau du milieu, qui est sculpté, représente deux dauphins qui semblent se retenir à un vase d'ornement.

Les quatre colonnes sont semblables; elles sont cannelées dans la partie du bas et se disposent à recevoir la ceinture de ce meuble composée également de trois tiroirs à moulures avec pendentifs en cuivre pour tirer les tiroirs; des modillons, dont l'effet est décoratif, terminent les têtes de colonnes.

Il y a une cave pour placer la vaisselle et les pièces d'orfèvrerie.

Quatre sortes de vases allongés supportent le corps du haut et règnent avec les colonnes du corps du bas.

Le corps du haut est composé de deux ailes ou parties pleines dont les panneaux sont garnis de vitraux. Les pilastres qui rejoignent les colonnes du bas sont à plumes. Chaque aile est surmontée d'une moulure avec galerie en arcade d'un très bel effet. La partie du milieu est vide; une petite galerie à balustres retient les objets qu'on y place.

Quant à la partie supérieure elle se termine en voussure, forme très heureuse qui caractérise le style de la Renaissance.

Cette voussure à compartiments se trouve surmontée d'une forte moulure couronnée d'une galerie à balustres.

Au centre, se place, en encadrement, une table saillante avec fronton à coquilles.

Pour la construction et la disposition de ce meuble, voir les coupes et détails (Planche 56).

§ 7. Buffet renaissance.

(*Planche* 55)

Cet élégant meuble, dont la composition est due à M. Dufin, fabricant de meubles d'art à Lyon, se divise en deux corps. Celui du bas possède trois portes dont les latérales sont ornées de têtes de lion d'après J. Goujon. Quatre pilastres décorés, genre Ducerceau, supportent quatre colonnes qui relient la tablette au corps du bas et forment argentier ou cave.

Le corps du haut se compose de quatre cariatides supportant l'architecture de la frise et du fronton et de deux portes pleines ornées d'une tête de guerrier au centre. Le milieu, qui est vide, est destiné à recevoir des objets d'art, une jardinière avec fleurs, etc., etc.

Pour les détails de construction de ce meuble, consulter le plan qui se trouve au-dessous, ainsi que les coupes et détails (pl. 50 et 56).

§ 8. Profils, coupes et détails des planches 53, 54 et 55.

(*Planche* 56)

La figure 1 donne la coupe verticale sur les bas-côtés du buffet Henri II (pl. 53).

La figure 2 est la coupe sur le milieu de la partie haute de ce même buffet.

La figure 3 est la coupe verticale sur les bas-côtés du buffet Renaissance (pl. 54).

La figure 4 est une coupe sur les bas-côtés du buffet Renaissance (pl. 55).

Pour la coupe verticale de ce même buffet, voir la planche 50.

§ 9. Étagère a découper (Style Renaissance).

(*Planche* 57)

Ce meuble demande beaucoup d'attention pour sa construction.

La figure 1 donne la vue d'ensemble ou de face;
— 2 — la vue de côté;
— 3 — la coupe de milieu ;

La figure 4 donne le plan des tiroirs;
— 5 — la vue du dessus levé;
— 6 — la coupe du dessus levé;
— 7 — la coupe des tiroirs (demi-grandeur);
— 8 — le profil du socle.

Cette étagère se compose, dans le bas, d'un socle qui supporte deux colonnes sur le devant et deux demi-colonnes sur le derrière. Le corps du haut est pourvu de deux tiroirs sur sa longueur et d'un dessus mobile qui vient couvrir une table de marbre. Sur sa hauteur et au milieu, une tablette vient s'assembler dans les colonnes. Le socle se compose d'un devant, d'un derrière et de deux côtés. On les assemble généralement à queue d'aronde, les assemblages se trouvant cachés par la moulure qui est rapportée dessus. Avant de rapporter la moulure, on doit poser le dessus du socle. Les côtés et la face des tiroirs sont pourvus de moulures rapportées qui forment petit cadre. Le dessus de marbre est encadré devant, par la traverse qui se trouve au-dessus des tiroirs; sur les côtés, par les traverses des bouts et derrière, par un champ rapporté.

La ferrure du dessus se fait au moyen de charnières ordinaires ou coudées. (Consulter à ce sujet nos planches 59 et 60 où sont démontrés plusieurs genres de ferrures pour étagères.)

On peut pratiquer dans le dessus une tablette avec deux petites consoles (comme l'indiquent les figures 5 et 6). Cette tablette, ainsi que les consoles, sont ferrées au-dessus, de manière qu'une fois le dessus ouvert, ces consoles se développent et maintiennent le dessus en angle droit avec la tablette de marbre. On rabat ensuite la petite tablette et cela forme une étagère.

On fait aussi des étagères avec lambris derrière, ce

qui est plus riche et plus propre (voir à cet effet notre planche 58).

Pour ce qui est du dessus des étagères à découper, notre figure 1 représente le meilleur système, par la raison que la tablette de marbre est bien enfermée. Sur le devant, ainsi que sur les côtés, il existe une moulure qui ferme l'encadrement du dessus et emboîte bien le corps du meuble (voir la coupe, fig. 3).

Les plans et coupes suffisent amplement pour l'exécution du travail.

§ 10. Étagère a découper (Style Renaissance).

(*Planche* 58)

Ce genre de meuble se nomme servante ou table à découper. Ce qui fait l'originalité et l'utilité de celui-ci, c'est une partie pleine au milieu, destinée à recevoir de la vaisselle qui est parfaitement enfermée.

Sa décoration se compose d'une table saillante avec ornements, culots, coquilles, feuillages arrangés avec goût. Les pilastres qui accompagnent ce corps de milieu sont ornés de feuilles appelées plumes.

De chaque côté, il existe un espace vide séparé dans sa hauteur par une tablette très utile pour le service. A chaque extrémité nous voyons une colonne décomposée en deux parties égales, mais à profils variés et rejointe par un carré, lequel retient la tablette.

La ceinture se divise en trois parties ou en trois tiroirs. Celui du milieu représente une forte moulure à godrons occupant toute la hauteur de l'emplacement; au centre est adaptée une poignée en cuivre. Aux extrémités des tiroirs se trouvent des modillons qui semblent former la tête de la colonne avec laquelle elle règne d'ailleurs.

La moulure du dessus de la ceinture peut se lever et laisse voir une surface recouverte d'un marbre sur lequel on découpe.

Si la tablette est entièrement en marbre, elle est fixe.

La partie supérieure représente un panneau de fond divisé lui-même en deux parties lesquelles sont séparées par une sorte de petit pilastre à cannelures et ornements en haut et en bas pour égayer la vue.

Les extrémités sont terminées par un pilastre sur lequel s'adapte une sorte de modillon renversé qui donne à la fois de la grâce et de la solidité. Une frise domine cette façade qui est composée de petits balustres à jour. La partie du milieu se termine en arc formant fronton à coquilles et feuillages et dominant ainsi le tout.

La figure 1 représente la vue d'ensemble;
— 2 — la coupe sur l'élévation;
— 3 — le plan;
— 4 — le profil du tiroir de milieu de la ceinture (demi-grandeur d'exécution);
— 5 — la coupe des tiroirs de côté (demi-grandeur d'exécution);
— 6 — le cadre des portes (demi-grandeur d'exécution);
— 7 — le cadre du lambris (demi-grandeur d'exécution).

CHAPITRE SEPTIÈME

FERRURES POUR ÉTAGÈRE A DÉCOUPER ET POUR MEUBLES DIVERS

§ 1. Ferrures diverses.

(*Planche* 59)

La figure 1 donne les détails d'une porte ferrée d'onglet. Ce genre de ferrure permet plus de développement que les ferrures à pivot, surtout quand les portes sont étroites ou lorsqu'une porte ferme des tiroirs comme, par exemple, dans notre planche 44. Ce moyen de ferrure est bon à employer dans ce dernier cas.

La figure 2 donne les détails d'une porte ferrée à charnière sur le côté. Ce système diffère du précédent en ce que le nœud de la charnière n'est pas apparent sur la face du meuble. Ces charnières sont moins compliquées que dans la figure 1 et moins difficiles à poser. Elles sont en même temps plus économiques, tout en rendant le même service que celles figure 1.

Les figures 3, 4 et 5 donnent les différentes positions du pivot pour portes de meubles.

Les figures 6 et 7 donnent les ferrures pour tiroirs à repos comme pour bureaux. Il suffit de les tirer pour les développer. Dans la figure 6, il faut tirer le tiroir par les deux bouts, parce que la moulure flotte sur la traverse qui soutient le tiroir. Dans la figure 7, un congé est poussé à la traverse qui reçoit le faux fond, ce qui permet de tirer le tiroir plus facilement (lettre *a*).

§ 2. Ferrures pour étagère a découper.

Les deux systèmes que représentent nos figures 8 et 13 sont les plus usités. La figure 8 est une ferrure avec charnière ordinaire. Lorsque le dessus est ouvert, comme le démontre la figure 12, la partie *B E* vient s'appliquer à la partie *D*. Les champs *D E* viennent en ligne horizontale. De cette manière l'on n'aperçoit que le nœud de la charnière et le joint. Lorsque l'on fait usage de la tablette à découper, rien ne peut tomber derrière. Les lettres *C F*, figure 8, indiquent le devant de l'étagère fermé.

La figure 13 montre le système de ferrure avec charnière coudée et fermée.

La figure 9 donne le dessus levé de ce système qui est également très bon. Il est moins compliqué que le premier, mais il a l'inconvénient de laisser un jour par derrière lorsqu'il est fermé.

La figure 10 montre le développement de la charnière coudée.

La figure 11 montre la charnière ordinaire fermée.

§ 3. Ferrures pour bureau, toilette, tiroir a abattant, etc.

(*Planche* 60)

Les figures 1, 2 et 3 représentent une agrafe vue à plat et en coupe, qui sert à maintenir le joint sur sa longueur quand il est ouvert, et l'affleurement quand il est fermé ; elle le maintient de façon que quand on tire le tiroir, le devant ne fléchit pas.

La figure 4 est un tiroir à abattant ouvert et fermé. Le compas se ferre aux extrémités de ce dernier.

La figure 5 est le loqueteau.

Les figures 6 et 7 montrent un autre genre de ferrure qui sert au même usage que les figures 1, 2 et 3.

La figure 8 est une clef qui sert également à maintenir le joint de l'abattant lorsqu'il est ouvert et peut remplacer l'agrafe en fer comme dans les figures 1, 2, 3, 6 et 7. Cette ferrure se place au milieu de la longueur du joint, bien entendu, comme il est dit ci-dessus.

§ 4. Ferrure a compas pour tiroir a doucine, pour bureau ou table de toilette.

La figure 9 donne la coupe d'ensemble avec le dessus fermé.

La figure 10 est la vue de côté de la ferrure à compas.

La figure 11 représente la doucine développée une fois le tiroir ouvert.

La figure 12 est le loqueteau avec la gâche qui reçoit ce dernier.

Pour faire usage de cette ferrure, il suffit de lever le dessus. Ensuite l'on tire le tiroir en appuyant sur le loqueteau pour ouvrir la doucine.

La figure 13 montre une ferrure également à doucine, mais pour toilette.

CHAPITRE HUITIÈME

DES LITS ET DE LEUR CONSTRUCTION

Les lits sont composés de deux parties principales : le bois de lit et le ciel ou baldaquin.

Le bois de lit se compose de quatre supports ou pieds, de deux pans ou bateaux, et enfin de deux traverses surmontées soit de deux panneaux pleins d'égale hauteur, soit de deux panneaux de hauteur inégale, le plus élevé se trouvant à la tête et formant le chevet ou dossier.

Le dedans du lit se garnit soit d'un châssis composé d'un cadre et de traverses, soit, lorsqu'on a à soutenir un sommier élastique, de tasseaux en nombre convenable insérés tant dans la partie inférieure des bateaux que dans les traverses.

Les bois de lit ont ordinairement 2 mètres de longueur sur $1^m,30$ à $1^m,60$ de largeur. Dans les grands appartements, on leur donne jusqu'à $1^m,60$ et même 2 mètres de large, sur $2^m,30$ et $2^m,60$ de long, afin qu'ils soient mieux en rapport avec ce qui les entoure.

Les dimensions ci-dessus sont celles des lits destinés à deux personnes; ceux pour une seule peuvent avoir de $1^m,20$ à $1^m,70$ centimètres, en conservant toujours 2 mètres pour la longueur.

L'assemblage des pans et traverses dans les pieds se place à 15 centimètres environ du bas en dessous du pan. Quant au montage du lit lui-même, il se fait ordinairement avec des vis qui passent du pan au pied.

Les assemblages des lits doivent être très justes, surtout ceux des traverses, qu'il faut mettre très raides sur la largeur du tenon, lequel doit avoir 6 centimètres de longueur, pour plus de solidité. Quant aux tenons des pans, quoique justes, ils ne doivent pas être trop forts, parce qu'il faudrait frapper dessus les pieds chaque fois qu'on monterait ou démonterait le lit, ce qui entraînerait nécessairement des dégradations.

Les tenons des pans doivent être très courts, 3 centimètres étant suffisants afin que la mortaise destinée à les recevoir ne passe pas dans celle des traverses, ce qu'il faut absolument éviter; il faut avoir soin que ces mortaises soient bien d'aplomb à bois debout, de crainte que si on les fouillait en dessous, comme on fait quelquefois, elles ne s'éclatassent à bois debout et ne fissent du jeu; c'est pourquoi on fera très bien de rétrécir le bout des tenons des pans sur leur largeur pour leur donner de l'entrée. Il faut encore veiller à ce qu'ils joignent bien sur le bois debout de la mortaise, lorsqu'ils seront entrés dedans jusqu'à leur arasement, qu'on doit avoir soin de scier bien d'aplomb afin qu'il joigne également partout.

Lorsque les lits sont à colonnes, c'est-à-dire que les pieds portent le dais ou ciel de lit, on les élégit d'après l'assemblage des pans afin qu'ils soient moins lourds. Lorsqu'ils sont très hauts, il est bon d'y mettre une écharpe de fer par le bas afin d'en empêcher l'écart. Le haut de ces colonnes est ordinairement garni d'une broche de fer, qui est destinée à recevoir le châssis; quelquefois aussi le bout de cette broche est taraudé pour recevoir un écrou, lequel retient le chassis en place. Il est bon de garnir le haut de la colonne d'une virole de fer; on l'empêche ainsi de s'éclater, ce qui est indispensable lorsque les colonnes ont peu de grosseur par le haut.

On imite aujourd'hui pour les grands appartements les lits à colonne genre Renaissance, dont le ciel lui-même est en menuiserie. Mais en général les ciels de lits sont garnis d'étoffe, de sorte que le bois de leur châssis n'est aucunement apparent et que toute leur décoration dépend du tapissier, qui fournit à l'ébéniste les mesures nécessaires et les formes qu'il désire. De sorte que l'ouvrage de l'ébéniste se réduit à un bâti le plus léger possible, en lui conservant cependant une certaine solidité.

Les plus simples de ces bâtis ne sont composés que de deux battants et de deux traverses d'environ 6 centimètres de largeur sur 27 millimètres d'épaisseur, lesquels sont assemblés carrément. à l'ordinaire. La largeur de ce châssis doit être déterminée par celle du lit, d'après laquelle on le fait plus ou moins excéder, selon que le lit est ou non à colonnes.

Dans le premier cas, si le lit est disposé pour avoir des doubles rideaux, il faut forcer la largeur du châssis pour que, du dedans de la colonne, il y reste environ 3 centimètres de largeur, ce qui est nécessaire pour placer la tringle et pour que le rideau puisse glisser aisément, et qu'il reste environ 3 centimètres en dehors de la colonne pour que la pente du lit passe aisément par-dessus la cantonnière.

Quand les lits n'ont pas de colonnes, on détermine la largeur du châssis en donnant 6 à 8 centimètres environ au pourtour de la grandeur du bois de lit, afin que la tringle qui porte les rideaux soit assez écartée du lit pour que les rideaux tombent d'aplomb autant que possible.

Quelquefois les ciels sont composés de deux châssis, de manière qu'ils forment en dedans comme une voussure, soit en pente, soit en arc. Dans l'un et l'autre cas, ce châssis est soutenu par des montants qui sont placés de distance en distance pour porter l'étoffe, et qui sont assemblés à tenon et mortaise dans les deux châssis quand ces montants sont droits, ou bien à tenon dans le châssis du bas et en entaille dans le châssis du haut, quand ils sont d'une forme creuse, afin qu'ils soient plus solides et qu'ils affleurent au nu du châssis du dessus. Ces montants se placent ordinairement à 30 centimètres les uns des autres tant sur les battants que sur les traverses, sans en mettre dans les angles, ce qui ne vaut rien, surtout dans les parties creuses, où il est nécessaire qu'on mette un montant d'arêtier creux sur lequel le tapissier puisse arrêter son étoffe.

La hauteur de ces montants est d'environ 20 centimètres du dessus du premier châssis; cependant on peut l'augmenter autant qu'on le jugera à propos, comme aussi celle des retours des faces, qui doit être au moins égale à cette dernière, et même la surpasser au milieu. Ces retours sont soutenus par de petits montants placés de distance en distance sur le premier châssis, dans lequel ils entrent à tenon et à mortaise ainsi que dans les pièces chantournées du haut, lesquelles sont assemblées à queue par les angles.

En général, ces châssis ou pavillons de lits se font en bois de hêtre, parce que ce bois est plus liant que le chêne, et par conséquent plus propre pour les parties courbes et étroites. Lorsque ces pavillons devront recevoir des sculptures, il faudra employer le tilleul qui tout à la fois se laisse facilement tailler et est en même temps très léger, ce qui est fort à considérer pour le genre de construction qui nous occupe.

Pour les épures et les tracés de ces ciels de lits et pavillons, nos lecteurs pourront se reporter à la première partie de notre ouvrage, l'*Art de la menuiserie*, à l'article arêtiers et voussures, où ils trouveront tous les renseignements désirables.

§ 1. — LIT SIMPLE.

(*Planche* 61)

La figure 1 est la vue d'ensemble, ou de face;
— 2 — la vue de l'intérieur du dossier;
— 3 — la vue de l'intérieur du pan de devant;
— 4 — l'intérieur d'un pied;
— 5 — le pan de derrière;
— 6 donne le cadre sur les pieds et la tête.

Le travail de ce lit est des plus simples. Le pan avec les pieds ne sont pas au même nu. Les cadres des pieds saillissent légèrement du cadre du pan ce qui forme ressaut à la plinthe. Les traverses de dossier sont assemblées avec des tenons et, en même temps, toute la traverse est entaillée dans les pieds sur son épaisseur et sur sa largeur. Les rouleaux sont également entaillés et un goujon sert d'assemblage. Tous les cadres, ainsi que le couronnement des pieds sont rapportés. Les pieds et les rouleaux de ces lits se font généralement en bois blanc, les traverses de dossier et les bateaux en chêne et les panneaux en acajou. Les clefs qui supportent le fond sanglé sont assemblées avec tenons et mortaises (voir les lettres *a*). Pour l'assemblage du pan une languette en prend toute la largeur. Cette languette et les vis suffisent pour bien maintenir les dossiers.

§ 2. LIT A DOUCINE.

(*Planche* 62)

Ce lit, quoique lourd, fait néanmoins très bon effet. Ces sortes de lits se font en acajou. Sur les pieds il y a un cadre très saillant et une baguette avec un talon.

La figure 1 est la face.
— 2 — l'intérieur du dossier;
— 3 — le plan;
— 4 — l'intérieur du plan de devant avec son pied;
— 5 donne les détails du couronnement et du cadre.

§ 3. LIT A PANS COUPÉS.

(*Planche* 63)

L'exécution de ce lit est la même que pour les lits précédents, si ce n'est que les pieds sont à pans coupés et que, par cette raison, ils font saillie sur le pan de devant.

La figure 1 donne la vue d'ensemble ou de face;
— 2 — l'extérieur du dossier;
— 3 — l'intérieur du dossier;
— 4 — le plan avec le court-pan et le pan de devant;
— 5 — le plan sur le pied;
— — coupe sur le pan du devant.

La différence dans les dossiers consiste en ce que les traverses du haut sont cintrées. Ces traverses, ainsi que les courts-pans sont assemblés avec des tenons et entaillés sur leur épaisseur et sur leur largeur. Les traverses et les pieds possèdent une rainure de 0,013 de profondeur pour recevoir les panneaux. Toutes les moulures sont rapportées et les têtes également, mais ces dernières sont massives. Ces genres de lits se font généralement en palissandre ou en thuya, les moulures en amaranthe, le fond sanglé se fait en hêtre et ne se cheville pas, car il doit se démonter à volonté. Les pieds sont en bois blanc et le pan et les courts-pans en chêne.

§ 4. Lits louis XIII, louis XIV, louis XV et louis XVI.

(*Planche* 64)

Nous avons figuré dans cette planche les quatre principaux genres de lits, en leur donnant la forme caractéristique des styles qu'ils représentent.

La figure 1 représente un lit Louis XIII, correct d'aspect par ses formes carrées et ses lignes droites, ses pilastres, ses chapiteaux à volutes ioniques et ses pointes de diamants.

Ces lits se font généralement en bois de noyer ou en poirier noirci.

La figure 2 donne un lit Louis XIV, moins sévère d'aspect, tout en gardant une rectitude de formes bien caractérisée.

Le petit dossier pourrait se faire également tout droit, ce qui conviendrait bien à ce genre de lit.

La figure 3 montre un lit Louis XV qui se distingue par ses formes contournées bien connues et que l'on peut accuser encore en creusant les côtés des dossiers. Une légère coquille sculptée comme motif au grand dossier vient le compléter.

La figure 4 est un lit Louis XVI qui, accusé par ses lignes droites et ses parties cintrées, est complété par la moulure à bec-de-corbin formant couronnement sur son grand et son petit dossier.

Les petites colonnes détachées qui se font généralement avec cannelures, les carrés et les pommes grenades qui les surmontent, marquent bien le style Louis XVI ainsi que le petit culot renversé formant motif au grand dossier.

Ces trois derniers genres de lits se font de toutes sortes de bois, suivant la richesse que l'on donne à l'ameublement dont ils font partie.

Les lits Louis XV et Louis XVI peuvent être peints et laqués.

§ 5. CHIFFONNIER-SECRÉTAIRE (genre moderne) ET DÉTAILS DES LITS DE LA PLANCHE 64.

(*Planche* 65)

Ce meuble est à deux fins : il peut servir de secrétaire en même temps que de chiffonnier. Il se compose de six tiroirs et d'un abattant qui est dissimulé par des faux tiroirs. Dans l'intérieur de l'abattant se trouvent des petits tiroirs ainsi qu'une case vide, comme l'indique la coupe (fig. 3). Le dos de l'abattant est garni d'une basane pour écrire.

Pour la ferrure de l'abattant, consulter les planches 59 et 60.

La figure 1 représente la vue d'ensemble;
— 2 — le plan;
— 3 — la coupe;
— 4 — la coupe d'un tiroir avec sa moulure (demi-grandeur d'exécution).

§ 6. Lit Henri II.

(*Planche* 66)

Dans ce lit, les deux dossiers, ainsi que les quatre pieds, sont semblables, sauf en ce qui concerne le tournage. Les pieds sont surmontés d'une colonne dont la base est décorée de plumes sur chaque face. Les panneaux des dossiers sont assemblés dans un bâti à petit cadre et une plate-bande est poussée sur les faces. Les pans, ainsi que les courts-pans, ont la même décoration et sont assemblés de la même façon que dans les lits précédents.

La figure 1 est la vue intérieure du grand dossier ou chevet;
— 2 — la vue extérieure du petit dossier;
— 3 — la vue extérieure du pan du devant;
— 4 — la vue extérieure du pan de derrière;
— 5 — la coupe sur *A B* (demi-grandeur d'exécution);
— 6 — la coupe sur *C D* (demi-grandeur d'exécution);
— 7 — la coupe sur le grand dossier.

§ 7. Lit renaissance.

(*Planche* 67)

Ce genre de lit est construit pour être placé au milieu de la chambre à coucher. Il se compose d'un grand et d'un petit dossier. Ces dossiers sont garnis de colonnes qui sont détachées des panneaux. Les pans et les courts-pans sont décorés de la même façon. La base des colonnes forme ressaut sur les faces ; il en est de même de l'entablement qui se trouve au-dessus des colonnes. Les panneaux sont assemblés dans un bâti avec moulure à petit cadre et possèdent une plate-bande. Les pieds sont tournés et assemblés avec des goujons ; on n'y met jamais des galets. Ces lits se font en grande partie en bois massif et c'est du noyer dont on se sert de préférence. S'il est en bois des îles, les principaux morceaux seraient en bois blanc plaqué. Toutes les moulures sont rapportées.

La figure 1 est la vue intérieure du grand dossier;
— 2 — la vue extérieure du petit dossier ;
— 3 donne les détails sur *C D* (quart-grandeur d'exécution);
— 4 — la coupe sur *A B*.

§ 8. Lit louis xvi.

(*Planche* 68)

Ce lit est également disposé de manière à être placé au milieu de la chambre à coucher. Il y a un grand et un petit dossier qui possèdent une colonne à chaque angle. Dans le bas de ces colonnes et sur les faces extérieures, il existe des cannelures avec des chandelles. Les pans et les courts-pans sont semblables comme décoration. Cette décoration consiste en un petit cadre qui est pris dans la masse et une parclause est collée de chaque bout. Les panneaux des dossiers sont assemblés dans un bâti avec des moulures rapportées formant grand cadre. Dans les angles il existe une crossette avec un macaron qui la remplit. Le grand dossier est surmonté d'un fronton avec cartouche au milieu. L'assemblage se fait d'après le même système que celui adopté dans les lits précédents.

La figure 1 est la vue intérieure du grand dossier ;
— 2 — la vue intérieure d'un pied ;
— 3 — la vue extérieure du petit dossier.

(Ce genre de lit se fait en grande partie en bois de hêtre, car il doit être laqué, ce qui caractérise les lits style Louis XVI.)

La figure 4 est la vue intérieure d'un pied du petit dossier ;
— 5 — la coupe sur le petit dossier ;
— 6 — la vue intérieure d'un pan ;
— 7 — la vue extérieure d'un pan ;
— 8 — les détails sur *C D* (demi-grandeur) ;
— 9 — les détails sur *A B* (demi-grandeur).

CHAPITRE NEUVIÈME

DES ARMOIRES

Les armoires sont les plus grands des meubles fermant. Elles ont pour l'ordinaire de 2 à 2^{m},60 de hauteur sur 1 à 2 mètres de largeur, et de 50 à 70 centimètres de profondeur.

Elles se composent de plusieurs parties : la devanture qui comporte de une à quatres portes, la corniche ou fronton, les deux côtés, le derrière, le chambranle ; les deux fonds, l'un du haut, l'autre du bas. Parfois aussi on y met des tiroirs apparents dans le bas.

L'intérieur des armoires est garni de tablettes. Comme il arrive que ces meubles peuvent être transportés d'un lieu dans un autre, il est prudent de les construire de manière qu'ils puissent se démonter pièce à pièce.

La corniche des armoires se construit à part, et on la fait entrer à goujon, à rainure ou à languette dans les traverses du haut; ou bien, lorsqu'elles n'ont pas assez d'épaisseur, on y fait simplement une feuillure et on y pose par derrière des taquets, lesquels la retiennent, lui servent de joue et par conséquent l'empêchent de s'écarter.

Ces corniches s'assemblent d'onglet ordinairement. Elles ne règnent pas derrière l'armoire, où elles ne seraient que gênantes. On coupe au contraire les retours au nu de l'armoire, et on en retient l'écart par une barre à queue placée en dessus, ou ce qui est mieux, placée à bois de bout.

Les derrières des armoires se brisent en deux parties sur la hauteur, lesquelles sont assemblées à rainures et languettes ; chaque partie est composée de deux traverses et de montants entre lesquels sont des panneaux unis. Ces montants sont quelquefois ornés d'une moulure sur l'arête ainsi que sur celle des traverses.

Les traverses du haut et du bas des armoires portent une rainure pour recevoir les fonds, ainsi que celles de devant et de côté.

Les tiroirs du bas ouvrent de toute la largeur des armoires. Leur tête est ordinairement ornée de moulures en forme de base attique, ou bien de frise qui ouvre du dedans des moulures. Dans l'un et l'autre cas, ces tiroirs passent sur des coulisseaux qu'on assemble dans les côtés de l'armoire, qu'ils débordent de 2 centimètres sur une épaisseur à peu près égale.

La décoration des armoires ne peut avoir de règles fixes et dépend du goût des constructeurs ; on ne peut que leur recommander de la faire la plus gracieuse possible. Nous leur signalons comme un modèle à suivre les spécimens que donnent les planches suivantes.

§ 1. ARMOIRE-LIT.

(*Planche* 69)

Ce meuble est très utile pour une personne qui ne dispose que d'une pièce. Par elle-même l'armoire est une armoire ordinaire à deux portes et à petits cadres. Dans le bas, il n'y a naturellement pas de tiroirs, cette partie étant réservée pour loger le lit. Les côtés sont en bois plein. L'armoire se démonte en trois parties. Le sommier est fixé aux côtés à l'aide de boulons (voir fig. 3, lettre *a*). Pour trouver la place de ces boulons, il faut prendre la hauteur du fond de l'armoire au-dessus de la traverse que l'on porte de *b* en *c*, mais on a soin de laisser un peu de jeu dans le fond (voir la lettre *a*, fig. 2). Mais plus vous éloignez le trou du boulon de la rive du dessous du sommier, plus vous êtes forcé de vous rapprocher du bout du sommier lettre *b*. Ainsi, par exemple, si vous mettez le boulon à 5 centimètres de la rive, vous reportez 5 centimètres du côté du *b*, voir 1, 2, qui vous donnera la lettre *c*, *d*, qui est le point du pivot. Les lettres *a*, *b* et *e*, *p*, indiquent la marche quand le lit pivote. Le meilleur sommier pour ce lit est le sommier Tucker ; il est moins lourd que les autres. Des courroies sont fixées aux côtés du sommier pour maintenir la garniture du lit. A la tête du lit on rapporte un petit dossier en bois *k* qui s'enlève à volonté.

La construction est la même que dans les autres armoires.

La figure 1 est la vue de face ;
— 2 — la coupe ;
— 3 — le plan ;
— 4 — le détail (demi-grandeur) ;
— 5 — le détail de la ferrure (demi-grandeur).

§ 2. ARMOIRES A GLACE.

(Styles Renaissances, Louis XIV, Louis XV et Louis XVI.)

(*Planches* 70, 71, 72 *et* 73)

Nous n'entrerons pas dans une longue description de ces armoires, leur construction étant à peu près la même que celle des meubles précédents qui se démontent en trois parties.

Ces armoires se divisent en trois parties sur la hauteur : le socle, la carcasse et la corniche.

Les modèles moins grands ne se démontent qu'en deux parties ; il n'y a que la corniche qui s'enlève.

Les plus grands modèles se démontent complètement dans l'ordre suivant : la corniche, les côtés, le derrière et le socle. Le tout est maintenu par des vis placés à des traverses que l'on applique à l'intérieur des côtés à chaque extrémité. Il faut avoir soin de ne pas faire affleurer ces traverses avec les extrémités des côtés, de façon à laisser un vide. Ce vide facilite le rapprochement des joints extérieurs lorsque l'on serre les vis.

Notre planche 70 représente une *armoire style Renaissance*. Comme on vient de le dire, elle se démonte en trois parties. La face est décorée de deux pilastres avec chapiteaux ioniques. Sur la frise du haut se trouve une table saillante chargée d'ornements. Le cadre de la porte est à crossettes. Le socle est muni d'un tiroir.

Ce genre d'armoire peut se faire de différents bois : soit en noyer, en palissandre ou en poirier noirci.

La figure 1 est l'ensemble ;
— 2 — la coupe ;
— 3 — le plan ;
— 4 — le profil du cadre de la porte.

La planche 71 représente une *armoire style Louis XIV*. La décoration de ce meuble consiste en deux pilastres formant frise montante. Les moulures de la porte sont à crossettes cintrées et accompagnées d'une coquille.

La corniche est décorée d'un cartouche chargé d'ornements.

Ces armoires se font en palissandre ou en acajou.

La figure 1 donne la vue d'ensemble;
— 2 — la coupe;
— 3 — le plan;
— 4 — le profil du cadre de la porte.

La planche 72 représente une *armoire style Louis XV*. La coupe indique suffisamment la construction. Ce meuble se fait, en grande partie, en palissandre.

La figure 1 est la vue de face;
— 2 — la coupe;
— 3 — le plan.

La planche 73 représente une *armoire style Louis XVI*. Ce meuble est pourvu de colonnes rentrées dans les angles, comme le démontre le plan. De cette manière les moulures du socle ne forment pas ressaut, ce qui est aussi préférable. Les côtés sont à petits cadres. Le socle est muni d'un tiroir. Ce genre de meuble se fait beaucoup en hêtre pour être laqué en blanc.

La figure 1 est la vue d'ensemble;
— 2 — la coupe;
— 3 — le plan;
— 4 — le profil du cadre de la porte.

§ 3. Armoire a glace (Style Louis XVI).

(*Planche* 74)

Cette armoire est à classer parmi les armoires à grandes dimensions. Elle a $2^{m},60$ de hauteur sur $1^{m},20$ de largeur et $0^{m},50$ de profondeur.

Elle se démonte en trois parties sur la hauteur, ce qui réduit le corps du milieu à 1^{m},35 de hauteur. On peut également démonter les côtés, ce qui réduit l'armoire à un volume plus petit encore et en rend le transport très facile.

Il n'est pas difficile de faire la façon de cette armoire, mais le dressage des parties qui viennent se joindre ensemble exige une grande précision.

Pour établir le plan de cette armoire, on commencera par le plan de hauteur (fig. 2) qui donne la coupe sur la corniche, sur la porte et sur le socle, ainsi que sur le derrière. Les parties qui se démontent d'une pièce sont la corniche et le socle. Le socle va sur la hauteur de *i* à *j* (fig. 2) ; la corniche de *k* à *l* et le corps du milieu de *j* à *k*. Sur la coupe, vous figurez les crémaillères ainsi que les tablettes et les traverses où passent les vis pour monter l'armoire. Dans le socle, il y a un tiroir avec faux fond.

Ensuite on établit le plan (fig. 3) qui est le plan du corps de l'armoire. Vous figurez vos colonnes côtés et derrière, ainsi que la porte.

Ces deux plans suffisent pour exécuter le travail, mais nous donnons les figures 4 et 5 pour que l'on puisse bien se rendre compte de la différence qui existe entre le socle et la corniche. Cette différence est dans la saillie de la corniche qui surplombe le socle.

La figure 4 est le plan sur la corniche.
— 5 — le plan sur le socle.

Pour exécuter cette armoire de manière à ce qu'elle puisse être démontée par pièces : corniche, socle, ainsi que le corps du milieu ; on commence par le corps du milieu. Les côtés se démontent séparément du derrière à l'aide d'une rainure que l'on pousse dans le pied du derrière et d'une languette sur les battants de derrière (voir lettre *a*, fig. 3). Ce joint doit être libre de façon qu'on n'ait pas besoin de taper pour monter l'armoire. Les côtés, ainsi que le derrière, sont du même arasement sur la hauteur. De chaque bout des côtés intérieurs *K*, on assemble une traverse qui va du pied de devant au pied de derrière, bien affleurée avec les traverses hautes et basses du côté ; ces traverses seront légèrement dégraissées à l'intérieur, de façon qu'en serrant avec les vis les côtés joignent bien du côté extérieur. Le côté droit reçoit la feuillure pour recevoir la porte qui est ferrée à briquets. Le socle se compose de deux traverses de côté, ainsi que d'une traverse pour le derrière. Les traverses de côté sont assemblées par devant à des montants qui reçoivent les pieds tournés et par derrière elles sont assemblées à queue d'aronde avec la grande traverse de derrière. Sur le devant il y a deux traverses, l'une qui reçoit la moulure du socle et l'autre sous le tiroir (voir lettres *o b*, fig. 2).

Sur les traverses de côté, côté intérieur, deux autres traverses se trouvent collées avec les traverses de côté (voir lettres *i j*). La traverse *i* est l'assise pour recevoir les côtés du haut et sert en même temps de guide pour le dessus du tiroir. La traverse *j* sert de coulisse au tiroir.

Une fois la caisse du socle terminée, on l'habille avec les moulures qui lui sont destinées et on y rapporte le fond entre les côtés.

La corniche s'exécute d'après le même principe. C'est une caisse assemblée à queue avec des bois de la même épaisseur. Dans l'intérieur et de chaque bout, il existe une traverse qui vient affleurer le dessous de la caisse, il y a une autre traverse également sur le devant. Ces traverses sont collées sur champ (voir lettre *h*, fig. 2).

Le dessus est cloué par-dessus.

Lorsque la caisse est finie, on l'habille de sa corniche ainsi que de son astragale. Ensuite on dresse bien le dessous, de manière à ce que la corniche porte bien sur les côtés ainsi que sur le derrière. C'est la corniche avec le socle qui tiennent l'écartement des côtés à l'aide de goujons et de vis à tête romaine.

La porte possède une glace encadrée d'une moulure rapportée en feuillure qui forme crossette dans les angles avec une petite rosace. Un parquet de glace en assemblage est vissé derrière. Une porte est ferrée à briquets.

Le fronton est rapporté au moyen de goujons. A droite de chaque colonne, il y a une pomme en forme de pin.

Les pieds sont tournés et possèdent des godrons.

Pour les détails, consulter plus loin la planche 92.

CHAPITRE DIXIÈME

§ 1er. Tables de nuit et bidets.

(*Planche* 75)

Les figures 1, 2 et 3 représentent une table de nuit des plus simples. Elle se compose d'un bâti qui reçoit un tiroir, d'une porte pleine, de deux côtés et d'un derrière. Les côtés sont assemblés au derrière au moyen d'une languette et d'une rainure. Une plinthe forme le socle et le dessus est formé par un bâti qui reçoit le marbre. Dans l'intérieur, il existe un fond et deux tablettes.

La figure 1 en est la coupe;
— 2 — la vue de face;
— 3 — le plan.

Les figures 4, 5 et 6 montrent une table de nuit à cadre qui est unie sur les côtés ainsi que sur le derrière, Le haut est décoré d'un grand talon et le bâti qui reçoit le marbre forme quart de rond. La tête du tiroir flotte sur les pieds et est arrondie dans les angles. Le cadre de la façade est collé sur le bâti; dans le bas, il existe une plinthe avec congé poussé sur l'arête. La porte est unie. La table, qui est en bois blanc, doit être plaquée, soit en acajou, soit en noyer. Dans l'intérieur, il y a deux tablettes et un fond.

La figure 4 en est l'ensemble;
— 5 — le plan;
— 6 — la coupe.

Les figures 7, 8, 9 et 10 représentent un bidet style Louis XIII. Ce meuble ne doit pas avoir plus de $0^m,35$ de hauteur. Comme l'indique le plan, ces bidets sont en forme de poire et plus commodes que ceux en forme ovale ou carrée. L'exécution en est des plus simples. Pour établir le plan, on est obligé d'avoir la cuvette de façon à ce que le champ qui encadre la cuvette soit régulier. Ce bidet est en bois blanc et plaqué et possède une astragale, quatre pieds tournés et une entre-jambe à *T*.

La figure 7 en est la coupe ;
— 8 — le plan ;
— 9 — l'ensemble;
— 10 — le plan de l'entre-jambe.

Les figures 11 et 12 représentent une table de nuit simple avec une porte à abattants et un tiroir. Les côtés et le derrière sont unis. Une petite moulure est rapportée sur le tiroir. Sur la porte, une moulure forme grand cadre et les ferrures sont à abattants. Les quatre pieds sont tournés. Un petit tiroir, qu'on appelle vide-poche, est placé au-dessous de la table.

La figure 11 en est l'ensemble;
— 12 — la coupe.

Les figures 13, 14 et 15 montrent un bidet avec quatre pieds chantournés dans lesquels la ceinture vient s'assembler. Ce bidet doit être fait en bois massif. On met toujours le fond en feuillure, parce que cela occasionne moins d'ouvrage.

La figure 13 en est la coupe ;
— 14 — le plan ;
— 15 — l'ensemble.

Les figures 16, 17, 18 et 19 montrent une table de

nuit style Louis XIII. Ce meuble se compose de pieds tournés dans le bas et de pilastres dans le haut. Dans le bas des pieds, une tablette sert d'entre-jambe. Cette table de nuit possède un tiroir ainsi qu'une porte dont les moulures sont rapportées. Le dessus est en marbre. La porte est ferrée à abattants.

La figure 16 en est la vue d'ensemble;
— 17 — le plan;
— 18 — la vue de côté;
— 19 — la coupe.

§ 2. TABLES DE NUIT.

(*Planche* 76)

Les figures 1, 2, 3, 4 et 5, représentent une table de nuit, forme crédence, style Henri II.

Cette table est très jolie surtout lorsque l'ameublement de la chambre à coucher est du même style. Elle produit alors un très bon effet.

Le corps du haut se compose, sur la façade, d'un bâti que reçoit la porte ainsi que le tiroir et qui sert, en même temps, de montant pour les côtés. Les montants et les pieds de derrière vont jusque sous le dessus. Les montants de devant sont ornés de plumes. Ceux de derrière vont de toute la hauteur de la table et forment les battants de derrière; ils reçoivent les traverses des côtés ainsi que les traverses de derrière. Le tiroir est orné de godrons. La porte se compose d'un bâti avec moulures rapportées en feuillure; le centre est décoré d'une tête de lion. La ferrure est à briquets. Le dessus est encadré d'onglet. Les colonnes qui reposent sur le socle supportent la partie du haut. Les moulures du lambris sont rapportées. Les pieds de derrière forment pilastres ornés de cannelures. La galerie qui termine la partie supérieure est assujettie par des goujons.

La figure 1 donne la vue d'ensemble;
— 2 — la coupe;
— 3 — le plan sur le corps du haut;
— 4 — le plan sur le tiroir;
— 5 — le plan sur le socle.

Pour les détails, voir la planche 78.

Les figures 6, 7 et 8 montrent une deuxième table de nuit, style Henri II.

Elle se compose, au centre, de quatre colonnes qui supportent la ceinture où se trouve un tiroir. Dans le bas, est une partie fermée. Sur chaque face de cette partie, il existe deux pilastres ornés d'une plume. Le socle forme un corps de moulure très saillant. La porte ainsi que les autres faces sont de même décoration. Elle possède un panneau à plate-bande partagé au milieu et sur la largeur par une élégie, le tout encadré d'une moulure rapportée qui forme grand cadre. Au-dessus des colonnes, un petit panneau est formé par une élégie avec plate-bande. Sur le tiroir, ainsi que sur les traverses de ceinture, les moulures sont élégies avec des parclauses dans les extrémités. Le dessus de la partie supérieure est encadré d'onglet ainsi que le dessus de la partie inférieure.

La figure 6 donne l'ensemble;
— 7 — la coupe;
— 8 — le plan de la partie inférieure.

Les figures 9, 10, 11 et 12, représentent une table de nuit, style Louis XVI.

Ce meuble est composé de quatre pieds, de deux

côtés et d'un derrière. Dans le bas une tablette sert d'entre-jambe. Les pieds représentent des colonnes. Dans le haut de ces colonnes, sur deux faces, il existe des cannelures avec chandelles. Une petite rosace termine le dessus des pieds de devant. Sur la porte se trouve une table saillante ornée de raies de cœur. Cette porte est ferrée à briquets. Le dessus est pourvu d'une galerie unie qui garantit les objets que l'on y pose.

La figure 9 donne la vue de face;
— 10 — la vue de côté;
— 11 — la coupe;
— 12 — le plan.

Pour les détails, demi-grandeur d'exécution, voir la planche 77, figure 7.

Les figures 13, 14 et 15 donnent une table de nuit, style Renaissance.

Elle se compose de trois tiroirs dans le bas avec porte au centre et d'un tiroir dans la partie supérieure. La porte est ferrée à briquets. Les côtés et le derrière qui sont unis, forment des parties pleines; les côtés sont rénés avec le bâti du devant, et le derrière est réné entre les deux côtés. Le tiroir du haut ainsi que le socle avancent de manière à ce que les colonnes qui sont rapportées par les pieds, ne dépassent pas la base et la partie haute (voir la coupe, fig. 14).

Les colonnes sont ornées d'un chapiteau sculpté. Au droit de chaque colonne sur la ceinture, il existe une petite table saillante. Le tiroir du haut et ceux du bas sont pourvus d'une petite moulure avec plate-bande; il en est de même de la porte. Le dessus est encadré d'onglet. Les pieds sont rapportés et assujettis au moyen de tourillons.

La figure 13 donne la vue de face;
— 14 — la coupe;
— 15 — le plan.

Pour les détails, voir la planche 78.

§ 3. TABLES DE NUIT.

(*Planche* 77)

Les figures 1, 2, 3, 4 et 5 montrent une table de nuit, style Louis XV.

Cette table de nuit est très élégante, mais, par contre aussi, très fragile en raison de la forme des pieds. La décoration est la même sur les quatre faces. Les ornements qui sont sur la porte ainsi que sur les autres faces, sont rapportés, et ceux qui décorent les traverses et les pieds sont pris dans la masse. Le dessus est un marbre encadré par une moulure qui est collée au bâti du dessus. La porte de la tablette est ferrée à briquets.

La figure 1 est la vue de face;
— 2 — la coupe;
— 3 — le plan du corps de la table;
— 4 — le plan sur le tiroir;
— 5 donne les détails de la partie supérieure (demi-grandeur d'exécution).

La figure 6 donne les détails de la partie supérieure de la table de nuit, style Louis XIII, planche 75.

Les figures 7 et 8 donnent les détails de la partie supérieure de la table de nuit, style Louis XVI, planche 76.

DÉTAIL DES TABLES DE NUIT HENRI II ET RENAISSANCE DE LA PLANCHE 76.

(*Planche* 78)

Cette planche donne les détails (demi-grandeur d'exécution) des tables de nuit Henri II et Renaissance de la planche 76.

CHAPITRE ONZIÈME

DES COMMODES ET DES COMMODES-TOILETTES

---

§ 1er. COMMODES-TOILETTES A CHARIOT.

(*Planche* 79)

Ces commodes-toilettes, figures 1 et 4, sont divisées en deux parties sur la hauteur (le joint se trouve à l'astragale). La partie supérieure est maintenue à la partie inférieure au moyen d'une simple languette qui qui sert de coulisse.

La ferrure qui est à compas (figure 13) maintient les deux parties ; son mécanisme est des plus simples comme on peut le voir dans cette figure. Le compas est fixé aux deux extrémités (voir *A*, *B*); d'un bout, il est ferré à la partie du haut, et de l'autre, au corps du bas, et cela sur les côtés intérieurement de manière qu'il se trouve dissimulé par le marbre.

Sur les champs des côtés de la toilette, se trouve une platine qui sert de glissière au compas (voir lettre *C*), sur le plat intérieur du dessus, il existe une autre platine qui maintient le compas d'un bout, de l'autre, il est maintenu par une vis à tête ronde. La marche du dessus est guidée par la longueur de la platine qui sert de glissière (voir lettre *C*).

Le dessus est fixé par des charnières au derrière de la toilette. Lorsqu'on le ferme il force le corps du haut à reculer et vient à sa place et lorsqu'on l'ouvre, au contraire, il avance le corps du haut de manière à pouvoir faire usage de la toilette.

La tige du compas est en fer jusqu'au collet (voir lettre *D*) ; tout ce qui est apparent de cette ferrure est en cuivre.

La commode-toilette (fig. 4), diffère de la commode-toilette (fig. 1), en ce qu'elle possède quatre tiroirs à cadres, tandis que la première n'en possède que trois sans cadres. La ferrure de ces deux toilettes étant la même, la démonstration de la figure 13 suffira également pour la figure 8.

La figure 1, donne la commode-toilette à trois tiroirs sans cadres vue de face.

La figure 2 donne la coupe;
— 3 — le plan sur les tiroirs;
— 4 — la commode-toilette à quatre tiroirs avec cadres, vue de face;
— 5 — la coupe transversale;
— 6 — le détail du dessus avec la face;
— 7 — le détail du dessus avec son marbre (demi-d'exécution);
— 8 — la coupe de la partie supérieure avec son dessus levé;
— 9 — le profil du dessus;
— 10 — le profil de l'astragale;
— 11 — le profil des cadres;
— 12 — le profil de la plinthe;
— 13 — coupe de la partie supérieure avec démonstration de la ferrure.

§ 2. COMMODE-TOILETTE-BUREAU.

(*Planche* 80)

Ces genres de meubles sont faits pour économiser la place. La partie supérieure est occupée par la toilette; dans le milieu se trouve le bureau et la partie inférieure contient les tiroirs pour renfermer le linge ou autres objets. Lorsque le meuble est fermé, il représente une commode ordinaire.

Le dessus de la toilette se lève et emmène avec lui la face qui représente une face de tiroir. L'intérieur est garni d'un marbre maintenu par un cadre. Un compas à coulisse tient le dessus ouvert (voir fig. 4).

La face du bureau forme abattant : lorsque ce dernier est ouvert vous le tirez à vous jusqu'au point d'arrêt. Les petits tiroirs qui se trouvent dans le fond doivent venir affleurer le bâti de la commode. On a assez de place pour écrire et les jambes ne sont pas gênées, car le dessus sort suffisamment pour que l'on ne touche pas le bas de la commode avec les pieds. Quand au restant c'est une commode ordinaire.

La figure 1 donne la vue de face;
— 2 — la coupe;
— 3 — le plan sur le bureau;
— 4 — la coupe sur la toilette et le bureau à l'échelle de 20 centimètres pour mètre;
— 5 — le détail de l'abattant du bureau avec sa ferrure;
— 6 — le détail du dessus avec sa glace, son compas et sa charnière;
— 7 — le détail du dessus du bureau.

Cette figure fait voir la manière d'établir les coulisses du dessus. Beaucoup d'ébénistes font les coulisses avec des languettes d'un bout à l'autre. Ce procédé est mauvais par la raison qu'il y a trop de frottement. Pour obvier à cet inconvénient, il faut suivre le principe que nous indiquons. Dans le dessus on pousse une rainure de la longueur de ce qu'il se tire.

On pousse également une rainure dans la partie qui reçoit le dessus. Un coin, semblable à un coin de guillaume, est placé dans le bout de la traverse du dessus ; ce coin forme languette dans la rainure du meuble (voir lettre *b*). Une clef qui se trouve en tête de la coulisse du meuble forme languette dans la rainure du dessus (voir lettre *a*). Le frottement ne se produit que sur ces deux points.

§ 3. TOILETTE-DUCHESSE.

(*Planche* 81)

Sur la façade, cette toilette se compose de deux portes avec moulures formant grands cadres et panneaux à plate-bande. Au-dessus de l'astragale, il existe deux tiroirs sur la longueur du meuble. Les pieds forment pilastre sur la façade, et sont ornés de cannelures. Le dessus est disposé pour recevoir un dessus en marbre. Chaque côté de la glace est flanqué d'une console et d'un pilastre. La traverse du haut de la glace est couronnée d'une coquille. Sur la hauteur des consoles une petite tablette est fixée pour pouvoir poser les accessoires de toilette.

Les côtés sont à petits cadres avec panneaux à plate-bande.

L'exécution de cette table est des plus simples. Les plans et coupes donnent assez clairement tous les détails voulus.

La ferrure des portes est à briquets ;

La figure 1 est la vue d'ensemble ;
— 2 — la vue de côté;
— 3 — la coupe sur le meuble;
— 4 — le plan sur les portes et sur les tiroirs;
— 5 est le plan sur le dessus en marbre et sur la glace.

§ 4. COMMODES-TOILETTES

(Genre Renaissance et genre Louis XVI.)

(*Planche* 82)

Les deux commodes-toilettes que nous représentons sur cette planche diffèrent des précédentes en ce qu'elles ne servent point aux ablutions. Elles sont destinées seulement à renfermer le linge ainsi que les accessoires de toilette.

La figure 1, représente une commode-toilette genre Renaissance. La partie inférieure est occupée par deux portes pleines à grand cadre avec panneau à plate-bande et moulure arrêtée. Une petite rosace est rapportée dans les angles. A chaque extrémité, il existe une colonne tournée et sculptée surmontée de deux petites consoles dans la frise. Cette dernière est occupée par trois tiroirs sur la longueur. La partie supérieure est composée d'une glace avec cadre. Un pilastre cannelé orne chaque côté de la glace. Le cadre est surmonté d'un fronton coupé, avec cartouche au milieu. De chaque côté de la glace et à sa base, il existe deux petits tiroirs. Une console relie la partie des tiroirs avec le cadre de la glace.

La figure 2, donne une commode-toilette genre Louis XVI. La partie inférieure est munie sur la longueur de trois tiroirs moulurés et à crossettes. Aux extrémités, il existe deux colonnes cannelées et sculptées à leur base. La frise est pourvue sur la longueur de deux tiroirs munis d'une poignée. La partie supérieure est composée d'une glace avec cadre à crossettes. De chaque côté de la glace il existe un pilastre cannelé, surmonté d'un petit vase. Un fronton avec cartouche couronne le tout. A chaque extrémité inférieure de la glace se trouve un petit tiroir surmonté d'une console qui relie cette partie avec le cadre.

Nous n'entrerons pas dans les détails de construction de ces deux meubles attendu qu'elle est à peu près la même que dans celle des planches précédentes.

§ 5. COMMODE A CADRE ET A TALON ET DÉTAILS DE LA PLANCHE 85.

(*Planche* 83)

La figure 1 est la vue d'ensemble;
— 2 — la coupe;
— 3 — le plan;
— 4 donne des détails 1/2 gr. d'exécution;
— 5 — le cadre grandeur d'exécution;
— 6 donne les détails de la partie supérieure, 1/2 gr. d'exécution de la commode Renaissance planche 85;
— 7 donne des détails de la partie inférieure 1/2 gr. d'exécution de la commode Renaissance, planche 85.

Pour l'exécution de cette commode on commence les plans et coupes et après on établit tous les bois. Ensuite on monte les échelles. Lorsque les échelles sont montées et bien dressées pour recevoir les côtés, on colle ceux-ci tous les deux à la fois l'un contre l'autre en serrant sur les échelles. Puis on monte la carcasse. Une fois la carcasse montée, on ajuste les têtes de tiroirs le plus juste possible. Les tiroirs étant terminés on les ajuste à leur place et on affleure le tout ensemble. Lorsque tout est bien fini on vernit la face et les deux côtés et on pose les moulures. On met le tiroir du haut et celui du bas à leur place, sans couper la tête des tiroirs. On pose la plinthe et le talon sur les côtés, ce qui donnera la longueur de la tête du tiroir du haut et de celui du bas. Les arrondis des extrémités des tiroirs sont formés par un morceau en bois montant (voir lettre *a*, fig. 3). On établit ensuite le dessus qui possède des panneaux à glace, et les socles. Cette commode possède des faux fonds à chaque tiroir (voir la coupe fig. 2). Il est bien entendu que l'on pose les serrures avant de monter ces tiroirs.

Les plans et coupes donnent tous les renseignements nécessaires pour l'exécution du travail.

Ce genre de commode se fait en acajou ou en noyer.

§ 6. COMMODE LOUIS XVI, AVEC PLANS, COUPES ET DÉTAILS.

(*Planche* 84)

Cette commode possède cinq tiroirs sur la hauteur ; un entre le dessus et l'astragale, trois dans la partie du milieu et un dans la partie qui forme socle. Le bâti des tiroirs est composé de deux pieds qui forment les angles de la commode et de cinq traverses placées sur la hauteur,

Le dos est une partie en assemblage composée de deux battants, de deux traverses, d'un montant et de deux panneaux.

Une plate-bande avec crossette est poussée sur la tête des trois tiroirs du milieu et la moulure qui est poussée sur le bâti en forme le cadre. Les colonnes sont placées sur les angles des pieds et sont engagées jusqu'à leur point de centre (voir le plan, fig. 2). Dans la partie haute et basse des tapets sont rapportés pour former les ressauts. Tous les corps de moulures qui sont sur la hauteur du meuble épousent ces ressauts. Les moulures de la face et des côtés sont toutes rapportées (voir fig. 4 et 5). Au-dessus une moulure est rapportée à plat sur le champ du dessus (voir fig. 3 et 4).

Ce genre de commode se fait en bois massif ce qui les rend très lourdes. La construction en est simple ; c'est pourquoi nous nous bornons à cette courte description. Les plans et coupes suffisent pour avoir tous les renseignements désirables.

La figure 1 donne la vue d'ensemble ou de face;
— 2 — le plan;
— 3 — la coupe de la commode;
— 4 — la coupe sur le tiroir supérieur (demi-grandeur d'exécution);
— 5 — la coupe sur le tiroir du bas (demi-grandeur d'exécution).

§ 7. COMMODE RENAISSANCE AVEC PORTE ET TIROIRS.

(*Planche* 85)

Cette commode présente plus de difficulté dans l'exécution que la précédente.

La figure 1 donne la vue d'ensemble;
— 2 — le plan sur la partie du milieu;
— 3 — le plan sur le tiroir du haut;
— 4 — le plan sur le socle;
— 5 — la coupe sur une partie latérale.

Ainsi qu'on peut le voir, ce meuble est muni au milieu d'une porte avec tiroir au-dessus. De chaque côté de la porte il y a quatre tiroirs et un cinquième est dans la ceinture. La partie du milieu fait avant-corps sur les tiroirs (voir fig. 2, plan de la carcasse). Une colonne est placée aux deux angles. Aux extrémités il existe des pilastres en gaine ornés d'une plume surmontée de godrons et de feuilles. Au-dessus des pilastres ainsi que des colonnes se trouvent des petites tables saillantes. Les moulures des tiroirs sont rapportées. Aux extrémités des tiroirs une demi-rosace est sculptée dans la masse.

Cette commode se démonte en trois parties sur la longueur et en trois parties sur la hauteur. Sur la hauteur, le socle forme une partie, le corps de la carcasse la deuxième partie, et la ceinture la troisième partie. C'est à l'aide de vis à tête romaine et de goujons qu'on relie toutes ces parties.

Le socle se compose d'un bàti qui reçoit la moulure, et d'un autre bâti qui reçoit le corps de la carcasse.

Ce sont les traverses de ceinture qui reçoivent l'astragale et c'est l'astragale qui dissimule le joint sur la hauteur.

CHAPITRE DOUZIÈME

DES BIBLIOTHÈQUES, DES CRÉDENCES, PETITS-MEUBLES ET PORTE-CHAPEAUX

Considérations générales sur la construction des Bibliothèques.

La construction d'une bibliothèque demande des soins spéciaux ; avant de l'entreprendre, il est bon de se rendre compte du nombre et de la forme des livres qui doivent y être placés, afin de pouvoir déterminer les divisions des corps qu'elle doit comprendre.

Les armoires ou corps de bibliothèques sont composés de bâtis sur le devant, de derrière, d'assemblages, de côtés et de montants, enfin de tablettes et de fonds, etc.

Les parties de chaque case ou division doivent être ornées d'un chambranle ou d'une moulure sur l'arête des champs ; mais dans quelque cas que ce soit, il faut éviter de faire ces champs et ces chambranles trop larges, comme aussi des pilastres ou colonnes trop fortes, parce qu'ils tiendraient trop de place, les derniers surtout n'étant tolérables que dans une grande bibliothèque ou au moins de moyenne grandeur.

Les bibliothèques sont généralement fermées avec portes, lesquelles ne sont que des bâtis ornés de moulures, et les plus étroits possibles (afin de ne point cacher les livres), et qu'on garnit de glaces pour la partie haute. Dans le bas, au contraire, les portes sont à panneaux pleins comme dans nos planches 88 et 91.

Il faut toujours éviter de mettre des cintres dans les traverses, leurs contours faisant un très mauvais effet avec les livres qui présentent toujours les lignes parallèles, horizontales, qui pour lors seraient interrompues par ces mêmes cintres, lesquels cachent plusieurs livres, ce qui est fort désagréable à voir.

L'habitude est de diviser les corps de bibliothèque en deux parties sur la hauteur. La partie du bas est en forme de buffet, dans lequel on peut mettre des livres de grand format et ceux qu'on veut soustraire aux regards de tout le monde. On termine ordinairement le dessus des bibliothèques par une corniche ou fronton, lesquels doivent être d'une grandeur et d'une richesse proportionnées au reste du meuble.

Les tablettes sont toujours ornées d'une moulure sur l'arête, laquelle moulure doit excéder de toute sa saillie les derrières des chambranles ou des bâtis entre lesquels elles doivent être entaillées très juste pour plus de propreté. Les tablettes peuvent aussi être mobiles ; on les fait alors poser sur des tasseaux qui eux-mêmes ne sont qu'engagés dans des crémaillères.

§ 1er. PETITS MEUBLES D'APRÈS ROUBO ET LALONDE.

(Style Louis XVI.)

(*Planche* 86)

La figure 1 représente une petite commode d'après Roubo, vue d'ensemble. Ce meuble possède quatre pieds sculptés chantournés à leur base. Il est muni de deux tiroirs au centre avec une poignée en cuivre.

La figure 2 en donne le plan.

La figure 3 en donne la coupe.

La figure 4 représente un petit meuble bahut également d'après Roubo. Il est muni de quatre pieds sculptés et chantournés à leur base. Le centre du meuble est occupé par un panneau dont le milieu est chargé d'un médaillon sculpté avec guirlande de fleurs de chaque côté. Les extrémités du panneau sont à crossettes avec rosace sculptée.

La figure 5 en donne le plan.

La figure 6 en donne la coupe.

La figure 7 représente un petit meuble d'angle cintré sur le devant. Il est également dû à Roubo.

La figure 8 en donne le plan.

La figure 9 en donne la coupe.

La figure 10 représente un petit meuble d'angle dû à Lalonde. Aux extrémités il est pourvu de deux pieds tournés et sculptés à leur base. La traverse du bas est munie au centre d'un petit culot sculpté. Deux portes ornées de moulures occupent la partie centrale. La frise est chargée d'ornements courants.

La figure 11 en est le plan.

DÉTAILS DES PLANCHES 88, 93 ET 96.

(*Planche* 87)

Détails de la bibliothèque Louis XVI, planche 88 :

La figure 1 donne la coupe d'ensemble sur l'élévation ;
— 2 — la coupe sur les côtés ;
— 3 — le plan sur la partie haute ;
— 4 — le plan sur la partie basse ;

La figure 5 donne le profil du dessus ;
— 6 — le profil de l'astragale du dessous des tiroirs ;
— 7 — le profil des portes ;
— 8 — le profil des côtés ;
— 9 — la coupe de la crédence Henri II (planche 93).
— 10 — la coupe de la crédence Renaissance (planche 96).

§ 2. BIBLIOTHÈQUE LOUIS XVI.

(*Planche* 88)

Cette bibliothèque, qui a été construite dans les ateliers de M. Voillereau, à Paris, est divisée en trois parties sur la longueur. Celle du milieu forme avant-corps sur les deux autres.

Sur la hauteur, le meuble est divisé en deux corps. Le corps du haut est vitré.

La décoration de cette bibliothèque se compose de quatre pilastres sur la longueur. Ceux du haut sont ornés de piastres, de cannelures et couronnés d'un chapiteau. Ceux du bas sont à petit cadre et surmontés d'une console qui supporte la ceinture.

Le meuble est couronné d'une corniche avec acrotère, Une frise et une astragale règnent au-dessous.

Les moulures des portes sont à petit cadre.

La ceinture se compose de cinq tiroirs ; celui du milieu est décoré d'ornements courants.

Le socle est un talon avec baguette.

Cette bibliothèque a été exécutée en poirier noirci.

Pour l'exécution, consulter les plans et coupes, planche 87.

§ 3. BIBLIOTHÈQUE HENRI II.

(*Planche* 89)

Cette bibliothèque est à peu près de même construction qu'une armoire à glace. Elle se démonte en trois parties sur la hauteur ; le socle, la carcasse et la corniche. La carcasse se démonte en quatre parties ; les deux côtés, le derrière et la porte. Les côtés sont à petits cadres. Les colonnes sont fixées aux angles des pieds de devant. Ces colonnes possèdent une feuillure en angle droit qui va jusqu'au point de centre ; la moitié du diamètre va sur le plat du pied et l'autre sur champ (voir fig. 2).

Le socle est une caisse où il existe un bâti qui reçoit les côtés de la carcasse ; les traverses des bouts du bâti reçoivent les vis. Des tapets sont rapportés sur cette caisse pour former les ressauts.

Pour la corniche, le travail est le même que pour le socle. La porte a une traverse de milieu. Le bas est un panneau avec plate-bande et un quart de rond est poussé sur la table. Mais ce quart de rond est arrêté à chaque angle à égale distance et forme crossette. Une rosace est rapportée à chaque angle du panneau. Des godrons sont sculptés sur les cadres de la porte et des perles sur la baguette. Dans l'intérieur des côtés il y a des crémaillères pour mettre les tablettes à volonté sur la hauteur.

Pour l'exécution, voir les plans et coupes.

La figure 1 est la vue d'ensemble ;

— 2 — le plan sur la partie basse et sur la partie haute ;

La figure 3 est la vue de côté ;
— 4 — le plan sur le socle ;
— 5 — la coupe verticale ;
— 6 — le plan sur la corniche ;
— 7 — la coupe de la partie supérieure ;
— 8 — le profil du socle.

§ 4. BIBLIOTHÈQUE (Style Louis XVI).

(*Planches* 90 *et* 91)

Le corps de cette bibliothèque se compose de trois parties : l'une, centrale, fermée par une glace, est destinée aux publications luxueuses ; les deux autres, à gauche et à droite, fermées par des portes pleines, portent en bas-reliefs des figures symboliques de la musique ; les trois panneaux du bas également pleins portent des attributs de même nature. Au milieu du fronton est disposé un œuf méplat pour recevoir le chiffre du propriétaire de la bibliothèque. Tout le tympan est garni par des palmes et une chute de lauriers qui est reliée au haut de l'œuf par un nœud de ruban. La frise de l'entablement est décorée de canaux plats très larges et très serrés, ce qui lui donne une grande légèreté ; la table saillante qui la coupe contribue encore à son élégance. La grosse moulure des portes pleines s'harmonise avec celle de la porte carrée du milieu, et la rappelle autant qu'il est possible. On la retrouve également dans les panneaux du bas, ce qui donne ainsi beaucoup d'unité à l'ensemble du meuble.

DÉTAILS DE L'ARMOIRE A GLACE LOUIS XVI, PLANCHE 74.

(*Planche* 92)

La figure 1 donne les détails de la partie basse de l'armoire.

La lettre A est la traverse et le battant de la porte;
— B — le parquet de la glace;
— C — la moulure de la porte;
— D — la rosace des crossettes;
— E — le pied du devant;
— F — la traverse du socle;
— G — la moulure du socle;
— H — le panneau des côtés;
— I — la base de la colonne;
— J — le côté du tiroir;
— K — la tête du tiroir;
— L — la traverse du faux fond.

La figure 2 donne les détails de la partie supérieure de l'armoire.

La lettre M est le battant de la porte;
— N — la partie supérieure de la colonne;
— O — la traverse du haut;
— P — l'astragale;
— Q — le quart de rond qui arrête la porte;
— R — le fond du bas de la corniche;
— S — la tête de la corniche;
— T — la corniche;
— V — le fond du dessus de la corniche.

DES CRÉDENCES.

La crédence est un meuble destiné à renfermer les objets précieux.

Il est divisé en deux parties dans le sens de la hauteur. La partie supérieure est fermée par des portes d'assemblage; l'inférieure est ouverte et destinée à l'exposition des vases plats, aiguières et autres œuvres d'art.

La vogue des collections de porcelaine, petits bronzes et autres objets compris sous le nom de bibelots, a remis ce meuble en honneur.

§ 1er. CRÉDENCE HENRI II, AVEC TIROIR A ABATTANT.

(*Planche* 93)

Les crédences d'une certaine dimension comme celle qui est représentée sur cette planche peuvent se démonter en plusieurs parties. Celles de moindre dimension peuvent se démonter en deux parties sur la hauteur : le corps du haut et le corps du bas. D'autres, enfin, ne sont faites que d'une partie et ne se démontent, par conséquent, pas.

La façade du haut de notre crédence Henri II se compose de deux colonnes cannelées surmontées d'un chapiteau. Au-dessus des colonnes et dans la frise, il existe un motif de sculpture. La corniche forme ressaut au-dessus des colonnes. Au milieu de la frise, un petit panneau de marbre forme table saillante surmontée de denticules. Les deux portes sont à panneaux avec grands cadres et frise aux extrémités.

La ceinture est composée d'une frise à abattant servant à écrire. Trois tiroirs sont dissimulés derrière cette frise, comme l'indique le plan figure 3.

Les pilastres du bas sont en forme de gaine et carrés en plan. Ils sont chargés d'ornements en forme de plume à leur base et la partie du milieu est cannelée. Au-dessus, une petite table saillante est chargée d'une tête de lion surmontée d'une moulure ornée. Un chapiteau mouluré couronne le pilastre. Toutes les moulures sont profilées sur les quatre faces. Ces pilastres viennent sur le socle et sont assemblés avec des tenons; par derrière, c'est un lambris à grand cadre; les moulures sont rapportées en feuillure.

Dans la frise, au-dessus des pilastres, il existe des modillons sculptés.

La figure 2, qui est la vue de côté, rappelle la même décoration que la vue de face.

Ces sortes de meubles se font en noyer ciré.

La figure 1 est la vue d'ensemble;
— 2 — la vue sur le côté;
— 3 — le plan sur le socle et la ceinture;
— 4 — le plan de la partie haute;
— 5 — le plan du lambris de la partie basse.

Pour la coupe, consultez la planche 87.

§ 2. CRÉDENCE RENAISSANCE, AVEC PLANS, COUPES ET DÉTAILS.

(*Planches* 94 *et* 95)

Notre planche 94 représente une crédence du style Renaissance, dont la composition est due à M. Pfnor.

Cette planche donne l'ensemble, une vue de côté, le plan sur la partie haute, le plan sur la ceinture et le plan sur la partie inférieure, ainsi qu'une coupe du socle demi-grandeur d'exécution.

La planche 95, donne une section verticale sur la corniche demi-grandeur d'exécution, une section verticale sur le tiroir et le vantail demi-grandeur d'exécution, la section verticale d'une colonne et une coupe de la face et des côtés au dixième d'exécution.

§ 3. CRÉDENCE RENAISSANCE.

(*Planche* 96)

Cette crédence est d'un très bon effet, parce qu'en plan elle n'est pas sur une seule ligne. Le corps du milieu fait saillie sur les petites portes de côté.

Ce meuble est divisé en trois parties sur la hauteur, parce qu'il ne présente que peu de surface sur sa largeur. On peut le faire démonter par pièces si l'on veut. Les crédences ne possèdent de la solidité que par leur aplomb, car la base n'étant soutenue que par quatre colonnes sur le devant et par un lambris sur le derrière, le moindre poids qu'elles porteraient à faux leur ferait perdre leur équilibre. Cette crédence Renaissance possède encore une assise relativement solide, parce que les colonnes du corps du milieu avancent sur celles des côtés.

Le corps du haut se compose de deux côtés, d'un derrière et de trois portes sur le devant. Ces portes sont séparées par une colonne. Les colonnes d'extrémité forment les angles du meuble. La caisse de la corniche est en deux parties sur la longueur, en raison du fronton qui couronne la partie saillante du milieu (voir le plan d'ensemble). Sur la largeur de ce meuble, il existe deux séparations, munies de crémaillères, qui supportent les tablettes. La ceinture est munie, sur sa largeur, de trois tiroirs, dont un grand au milieu et un petit de chaque côté. Celui du milieu est orné de godrons, ceux des extrémités sont ornés d'une tête de lion encadrée d'un cadre circulaire.

La partie du bas se compose de quatre colonnes sur le devant et d'un lambris sur le derrière. Le socle est un bâti assemblé à queues. Dans l'intérieur des tapets sont appliqués dans les angles du devant pour recevoir les pieds.

Ce genre de meuble se fait en noyer et est teinté avec de l'extrait de bitume.

Pour la construction, consulter le plan au-dessous, ainsi que la coupe, planche 87.

§ 4. CRÉDENCE HENRI IV.

(*Planche* 97)

Cette remarquable composition a été honorée d'une médaille de bronze à l'Exposition universelle de 1878. Elle est due à M. Dufin, fabricant de meubles d'art, à Lyon, et se fait remarquer par la pureté de son style.

§ 5. BAHUT STYLE RENAISSANCE.

(*Planche* 98)

Ce meuble, sorti des ateliers de M. Dufin, à Lyon, est d'une élégance incontestable. Le nombre et la finesse des sculptures demandent l'emploi d'un bois dur et susceptible d'un beau poli, tel que le buis, le noyer ou le poirier. Les grandes lignes du meuble sont remarquables et permettraient de simplifier fortement l'ornementation, tout en conservant cependant une construction d'un grand caractère.

§ 6. PORTE-CHAPEAUX ET PORTE-PARAPLUIES.

(*Planche* 99)

On peut établir ce genre de porte-chapeaux et de porte-parapluies de bien des façons et les orner de même.

Celui-ci est très simple. Il se compose d'un lambris. Dans la partie du haut il existe une glace; dans la partie du bas il y a un panneau et une cuvette qui forment socle. Le lambris ne se compose que d'un bâti sans feuillure. Toute la décoration est rapportée. Le cadre de la glace, ainsi que celui du bas, sont rapportés à plat, faisant une saillie sur le champ du bâti; de cette façon, cela produit une feuillure en contre-parement, le haut pour la glace et le bas pour le panneau. Ce bâti possède 0,027 d'épaissour. Une fois la glace en place, il doit se trouver un vide de quoi établir un parquet de glace; dans le bas, on applique le panneau et des tringles derrière le panneau, de manière qu'il joigne à la moulure du cadre. Les pilastres qui supportent les têtes des porte-chapeaux sont élégis et reçoivent des parclauses tournées à l'endroit des têtes.

Dans le haut, une astragale et une corniche sont collées à plat sur l'entablement. Le fronton est rapporté avec deux clefs. Ce travail se fait en partie en chêne ou en noyer (mais ciré).

Quant aux porte-chapeaux ordinaires, comme l'indiquent les figures 3, 4 et 5, c'est un travail de tournage et de découpage dont l'ébéniste ne s'occupe pas, par la raison qu'il existe des spécialistes à cet effet. Nous donnons ces modèles comme types.

§ 7. PORTE-CHAPEAUX (style Renaissance, époque Louis XIII).

(*Planche* 100)

Ce meuble est destiné à être placé dans une antichambre ou dans un grand vestibule.

Sur sa largeur, il est composé de trois corps : deux bas-côtés et un corps de milieu.

Le corps de milieu, qui forme avant-corps sur les bas-côtés, est composé d'une jardinière supportée par deux colonnes. Une glace biseautée est placée au-dessus de la jardinière, et, au-dessus de la glace, il existe une frise, une corniche et une galerie couronnée par un fronton. De chaque côté de la glace, se trouve un panneau garni d'une étoffe foncée. Ces panneaux sont encadrés par des pilastres ornés d'une plume à leur base et élégis à leur partie supérieure où se trouvent fixés les porte-chapeaux. Un chapiteau ionique couronne les pilastres. Au-dessus des pilastres, dans la frise, il existe des petites tables saillantes en pointe de diamants.

La jardinière est composée d'une caisse habillée, dont les parclauses sont rapportées. Les consoles forment table saillante sur les autres parclauses.

Le lambris du soubassement est ordinairement à grand cadre, avec plates-bandes et chanfrein arrêté sur les plates-bandes. De chaque côté de la jardinière, il existe une tringle en cuivre bronzé, qui prend la forme de l'astragale de la jardinière et qui sert à retenir les cannes ou parapluies.

Le socle qui supporte le corps du meuble contourne la jardinière de chaque côté, et est revêtu d'une cuvette en zinc pour y laisser égoutter les parapluies qu'on y dépose. La décoration du socle se compose d'un carré à boudin et d'un grand talon renversé entre deux carrés. Le tout est supporté par des patins tournés et une baguette entre deux carrés.

Les panneaux du lambris sont retenus derrière par des tringles et sur le devant par les moulures mises en feuillure. Un parquet, assemblé de petits panneaux, est adapté derrière la glace.

Ce genre de meuble se fait en noyer ou en chêne teintés.

La figure 1 est la vue de face;
— 2 — la coupe de côté;
— 3 — la coupe sur le milieu;
— 4 — le plan d'ensemble.

FIN.

TABLE DES MATIÈRES

CHAPITRE PREMIER

ABRÉGÉ DES ÉLÉMENTS DE GÉOMÉTRIE

SECTION PREMIÈRE

Des lignes, des angles, des cercles et des demi-cercles.

SECTION DEUXIÈME

Des surfaces et des solides en général.

SECTION TROISIÈME

De la mesure des lignes, des surfaces et des corps, quels qu'ils soient, relativement à l'ébénisterie.

SECTION QUATRIÈME

CHAPITRE DEUXIÈME

DES COUPES, PROFILS, OUTILS ET ASSEMBLAGES

SECTION PREMIÈRE

SECTION DEUXIÈME

SECTION TROISIÈME

SECTION QUATRIÈME

SECTION CINQUIÈME

SECTION SIXIÈME

Des moulures en général, des tablettes et du compas mobile.

CHAPITRE TROISIÈME

DE LA CONNAISSANCE DES BOIS

CHAPITRE QUATRIÈME

DES TABLES EN GÉNÉRAL. — DE LEUR CONSTRUCTION, DE LEUR FORME, DE LEUR USAGE, ETC.

CHAPITRE CINQUIÈME

DES BUREAUX ET DE LEUR CONSTRUCTION

CHAPITRE SIXIÈME

DES BUFFETS ET DE LEURS FORMES

CHAPITRE SEPTIÈME

FERRURES POUR ÉTAGÈRE A DÉCOUPER ET POUR MEUBLES DIVERS

CHAPITRE HUITIÈME

DES LITS ET DE LEUR CONSTRUCTION

CHAPITRE NEUVIÈME

DES ARMOIRES

CHAPITRE DIXIÈME

CHAPITRE ONZIÈME

DES COMMODES ET DES COMMODES-TOILETTES

CHAPITRE DOUZIÈME

DES BIBLIOTHÈQUES, DES CRÉDENCES, PETITS MEUBLES ET PORTE-CHAPEAUX

DES CRÉDENCES

Paris. — Imp. E. Capiomont et V. Renault, rue des Poitevins, 6.

Spotted something that isn't quite right?

Let us know and we'll fix it for future reprints. And as a thank you for your diligence, we'll send you a free Sothis book of your choice.

publisher@sothis.press

This page intentionally left blank

Except of course for that line above. And this one.
And whilst we have your attention, perhaps you'd
like to follow us on Instagram @sothis.press. Go on.

Made in the USA
Monee, IL
05 November 2026

67979982R00152